제주 미식 여행

제주에서 꼭 가야 할 최고 맛집 147

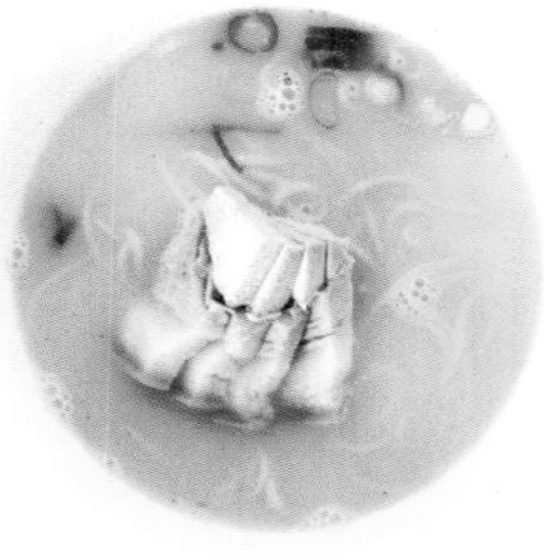

제주 미식 여행

지은이 문신희·빈중권·이다혜·정용혁

초판 발행일 2022년 6월 10일

기획 및 발행 유명종
편집 이지혜
디자인 이다혜
조판 신우인쇄
용지 에스에이치페이퍼
인쇄 신우인쇄

발행처 디스커버리미디어
출판등록 제 2021-000025호(2004. 02. 11)
주소 서울시 은평구 진관4로 107, 619-201
전화 02-587-5558

ISBN 979-11-88829-26-2 03980 **값** 16,500원

*사진을 제공해준 제주특별자치도청과 제주관광공사, 강경필 작가님,
문신기 작가님, 송인희 작가님, 그 외 모든 분들께 감사드립니다.
*편집상 크게 사용한 사진에만 카피라이트 표기했음을 밝힙니다.

제주 미식 여행

제주에서 꼭 가야 할 최고 맛집 147

문신희·빈중권·이다혜·정용혁

디스커버리미디어

지은이의 말

제주 미식으로의 초대

먹는 즐거움, 미식에 대해 말하려고 합니다. 제주도 음식에 관해 이야기하려고 합니다. 여행의 즐거움의 반은 먹는 즐거움이지요. 철 따라 바뀌는 음식이 그리워 제주를 다시 찾기도 하지요. 봄에는 유채와 고사리나물이, 여름에는 시원한 한치물회와 자리물회, 가을에는 토실토실 살이 오른 갈치가, 겨울이 되면 기름진 방어가 우리를 부릅니다. 하루하루가 입이 즐거워지고, 마음이 행복해지는 시간입니다.

제주도는 음식문화가 독특합니다. 아름다운 자연을 품고 있지만, 벼농사를 짓기에는 물이 부족하고 토지가 척박합니다. 이런 까닭에 조와 보리로 밥을 지었고, 귀한 곡식을 아껴먹기 위하여 감저고구마나 톳을 넣어 밥을 짓기도 했습니다. 흉년이 들면 주변에서 쉽게 구할 수 있는 깅이게, 전복, 보말바다고둥, 지실감자, 심지어는 꿩을 잡아 죽을 끓여 먹었습니다.
제주는 육지보다 날이 따뜻합니다. 음식 재료를 오래 저장하기 어려우니 당장 먹을 만큼만 취했습니다. 삶은 늘 분주하여 조리방법은 단순하였습니다. 몸, 톳, 호박잎, 콩잎은 데쳐서 자리젓이나 멜젓에 찍어 먹었습니다. 배추, 쪽파, 쑥갓은 생으로 먹었습니다. 소금이나 된장을 이용하여 간단히 만들 수 있는 몸국, 갈칫국, 각재기국, 멜국이 발달한 것도 비슷한 이유입니다.

제주는 목축의 섬입니다. 집집이 돼지를 키웠고, 한때는 사람보다 말이 더 많았습니다. 제주의 흑우는 맛이 좋아 임금님께 진상하였습니다. 돼지와 소, 말은 중요한 단백질 공급원이기도 했습니다. 집안이나 마을에 경사가 있으면 돼지를 잡았습니다. 고기는 수육으로 먹고돔베고기, 돼지고기 국물에 면을 넣어 고기국수를 만들었습니다. 고사리와 메밀을 넣고 끓이면 고사

리육개장이 되었지요. 제주의 음식에는 자연과 역사, 제주인의 여러 삶까지 담겨있습니다. 제주에 토속음식만 있는 건 아닙니다. 세련되고 트렌디한 음식점이 많아졌습니다. 카페와 베이커리도 하루가 다르게 생겨납니다. 감귤, 청보리, 땅콩 등을 활용한 디저트와 현무암을 오마주한 돌빵과 돌카롱도 생겼습니다. 제주도엔 지금 음식의 융합이 폭발적으로 일어나고 있습니다. 전통을 지키면서도, 새로운 맛을 만들어 내는 미식의 섬이 되어가고 있는 것이지요.

〈제주 미식 여행〉은 제주 토박이 작가와 이주민 작가가 합심하여 만들었습니다. 동서남북 가리지 않고 최고 맛집만 골라 취재했습니다. 향토 음식점, 트렌디한 맛집, 숨은 맛집, 새로 생긴 식당, 스타 셰프의 음식점, 이름난 디저트 카페, 빵지 순례하기 좋은 베이커리도 놓치지 않고 담았습니다. 계절마다 꼭 먹어야 할 해산물, 현지인이 추천하는 로컬음식, 여행자 사이에서 뜨는 음식과 디저트, 빅데이터가 말해주는 종류별 베스트 맛집까지, 제주도 미식 여행에 필요한 거의 모든 정보를 담았습니다. 이 책이 제주 미식 여행의 멋진 동행이 되길 바랍니다.

언제나 멋진 책을 만들어 주는 디스커버리미디어 식구들과 우리의 삶의 터전이자 아낌없이 내어주는 아름다운 섬, 제주도에게 깊은 감사 인사를 꼭 전하고 싶습니다.

2022년 5월, 푸른 섬 제주도에서

문신희·빈중권·이다혜·정용혁

일러두기

『제주 미식 여행』 100% 활용법

독자 여러분의 제주 미식 여행이 더 즐겁고, 더 특별하길 바라며 이 책의 특징과 구성, 그리고 활용법을 알려드립니다. 여행의 반은 먹는 것이죠. 입이 즐거워지는 시간, 아무쪼록 이 책과 더불어 남다른 미식의 추억을 만들어가길 기원합니다.

① 이렇게 구성했습니다

제주 맛집 지도 + 미식 여행자를 위한 기본 정보 8가지 + 4개 권역별 맛집 정보

『제주 미식 여행』은 크게 제주 맛집 전체 지도, 미식 여행자를 위한 8가지 기본 정보, 4개 권역별 맛집 정보 순으로 구성돼 있습니다. 제주 맛집 지도는 이 책에 실린 제주도 전역의 맛집과 베이커리, 디저트 카페 지도를 담고 있습니다. 미식 여행자를 위한 8가지 필수 정보는 계절별 제철 생선과 횟감과 꼭 먹어야 할 제주도 대표 음식 등을 소개합니다. 또 독자 여러분의 여행 동선을 고려하여 제주도를 제주시, 서부권, 동부권, 중문과 서귀포 등 4개 권역으로 나누어 맛집을 소개합니다.

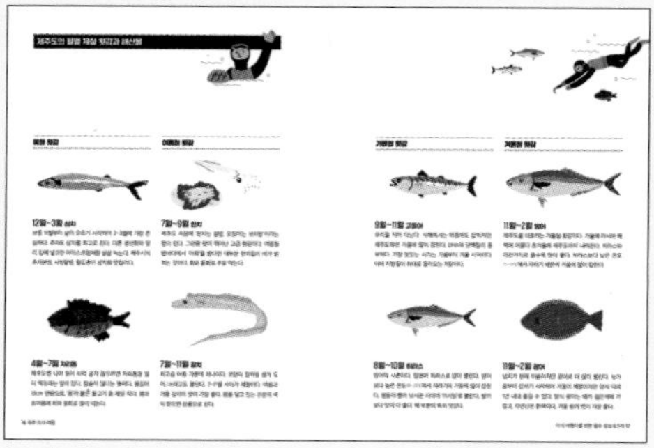

② 한눈에 보기 편한 제주 맛집 지도

4개 권역 맛집 130곳 + 베이커리와 디저트 카페 17곳 + 제주도 대표 명소

제주 맛집 지도는 목차 다음 페이지에 있습니다. 『제주 미식 여행』에 나오는 모든 맛집과 베이커리, 디저트 카페, 그리고 제주도의 대표 명소를 아이콘과 함께 실었습니다. 맛집엔 포크와 나이프, 베이커리와 디저트 카페엔 커피잔, 명소엔 카메라 아이콘이 상호 또는 장소 이름과 함께 있습니다. 아이콘을 보면 그 장소의 정체를 금방 알 수 있습니다. 지역별로 골고루 취재해 어디에 있든 자동차로 5~10분이면 원하는 장소에 도착할 수 있습니다. 당신이 있는 곳의 맛집 정보가 궁금하다면 제주 맛집 지도를 펼쳐보세요.

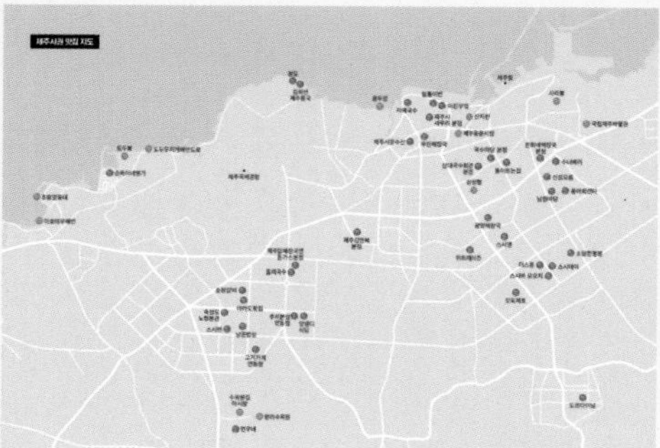

③ 미식 여행자를 위한 필수 정보 8가지

꼭 먹어야 할 제주도 음식 + 요즘 뜨는 음식 +유명 셰프의 맛집 +종류별 베스트 맛집

미식 여행자를 위한 필수 정보 8가지는 당신을 궁극의 미식 여행으로 안내합니다. 먼저 제주의 제철 생선과 제철 횟감을 소개합니다. 꼭 먹어야 할 제주도 대표 음식과 도민이 추천하는 찐 로컬음식은 미식 여행자라면 꼭 챙겨야합니다. 유명 셰프의 맛집과 종류별 베스트 맛집은 미식 버킷리스트로 손색이 없습니다. 최고의 베이커리와 디저트 카페, 여행자 사이에서 요즘 뜨는 음식과 디저트도 꼭 챙겨보세요.

④ 여행 동선을 고려한 4개 권역별 맛집 정보

제주시권 + 서부권 + 동부권 + 중문과 서귀포권

권역별 맛집 정보는 이 책의 본문에 해당합니다. 아무리 맛있는 음식이라도 멀리 있으면 그림의 떡이죠. 맛집 정보를 권역별로 나누어 구성한 까닭입니다. 한식부터 서양 음식까지, 토속음식부터 퓨전 음식까지 제주시권·서부권·동부권·중문과 서귀포권으로 나누어 누구나 인정하는 최고 맛집만 30곳 안팎씩 엄선했습니다. 그리고 또 하나. 당신의 입을 즐겁게 해줄 디저트 맛집도 권역별로 4~5곳씩 선정했습니다.

⑤ 주요 메뉴, 예산, 원격 줄서기…맛집별 상세 정보

주요 메뉴 + 영업시간 + 1인 기준 예산 +
예약 방법 + 원격 줄서기 + 인스타그램

맛집의 특징과 매력을 잘 보여주는 것만큼이나 중요한 게 맛집별 접근정보와 영업장 정보입니다. 『제주 미식 여행』은 주소와 전화번호, 영업시간, 주요 메뉴, 휴무일 같은 일반 정보뿐 아니라 주차장 정보, 1인 기준 예산, 인스타그램 주소를 꼼꼼하게 안내합니다. 또 '기타'란을 만들어 예약 방법, 원격 줄서기 정보, 포장 가능 유무, 반려동물 동반 가능 유무, 그밖의 알아두면 좋을 맛집의 개별 정보를 안내합니다.

앙뚜아네트 용담점
자매국수
일통이반
미친부엌
청도
김희선 제주몸국
용두암
제주시새우리 본점
제주동문시장
도두동 무지개해안도로
동이트는집
제주국제공항
돌카롱 제주공항점
우진 해장국
국수마당 본점
삼대국수회관 본점
순옥이네 명가
제주탑해장국앤 돈가스 본점
제주 서문수산
광양해장국
올래국수
스시앤
순창갈비
제주김만복 본점
위트레이즌
마라도횟집
이호테우 해변
숙성도 노형본관
추자본섬 연동점
앞뱅디식당
스시렌
제주하멜
낭푼밥상
고기가게 연동점
아라파파
도두동 무지개해안도로
제주 국제공항
조랑말 등대
신의한모
이춘옥 고등어쌈밥
다운타우너 제주애월
하갈비국수
노라바
카페노티드 제주
문동일셰프 녹차고을
랜디스도넛 제주애월점
한라 수목원
갓포제
곽지해수욕장
인디안키친
항파두리 항몽유적지
연우네
더스
애월읍
애월빵공장 앤카페
애월연어
우굼
바당길
아루요
독개물항 한림본점
문쏘 제주협재점
모리노아루요
협재수우동
협재해수욕장
9.81파크
한림읍
오지힐제주
새별오름
금오름
새별오름 나홀로나무
신창풍차해안
성이시돌 목장
제주 현대미술관
한경면
한라산아래 첫마을 영농조합
탐라반상
안덕면
서귀포 자연휴양림
명리동식당
자구내포구
산양 곶자왈
제주신화월드
본태박물관
오설록
서귀 치유
수월봉 전망대
웃뜨르 우리돼지
카멜리아힐
제주곶자왈 도립공원
오전열한시
들렁모루오리탕
운정이네 중문점
춘심이네 본점
빌레왓
산방산초가집
에스데판야끼
미쁜제과
대정읍
화순 평양면옥
문치비
군산오름
소봉식당
제주월드컵 경기장
아라
중문색달 해수욕장
산방식당
화순금모래 해변
춘미향
제주김만복 서귀포점
옥돔식당
더클리프
제주진미 마돈가 본점
글라글라 하와이
미영이네
까사디노아
제2덕승
화정
송악산

제주 맛집 전도
김녕 해수욕장
만월당
무거버거
델문도
은희네해장국 본점
오붓한 테이블
서우봉
곰막식당
월정리꺼멍스
제주로움
수너베러
삼양해수욕장
순옥이네명가 함덕점
명진전복
만장굴
신설오름
고집돌우럭 함덕점
오드랑 베이커리
동백동산
세화해수욕장
하도해수욕장
풍어회센타
해녀김밥 본점
구좌읍
지미봉
소금바치 순이네
조천읍
산도롱맨도롱
소담한봉봉
선흘방주 할머니 식당
비자림
스시테이 오마카세본점
오오치
복자씨연탄구이
등경돌식당
상춘재
성산일출봉
거문오름
맛나식당
아부오름
금보가든
블루보틀 제주
성산읍
해왓
백약이오름
산굼부리
가시아방국수
절물오름
우동카덴 제주점
섭지코지
혼인지
보롬왓
사려니숲길
따라비오름
성읍민속마을
물영아리 오름
가시식당
나목도식당
표선면
표선해수욕장
랑이식당
제주민속촌
남원읍
호화
조은게마씸
제주 판타스틱 버거
꼬동꼬동
섬소나이 위미점
위미리 동백나무 군락
서귀포대정식당
네거리식당
일구공 제주남원점
공천포 식당
취향의섬
뽈살집 본점
오는정 김밥
카페 이피엘
베케
테라로사 서귀포점
허니문하우스
쌍둥이횟집 본점
스펍
중문 맛집 지도
색달식당 중문본점
삼원정 중문본점
오전 열한시
칠돈가 중문점
운정이네 중문점
연돈
고집돌우럭 중문점
국수바다 본점
둘레길
숙성도 중문점
가람돌솥밥
중문 색달해수욕장
더클리프
중문수두리 보말칼국수
함쉐프키친
대기정

목차
Contents

PART 1 미식 여행자를 위한 필수 정보 8가지

PART 2 제주시권

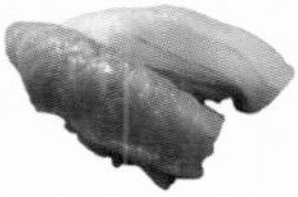
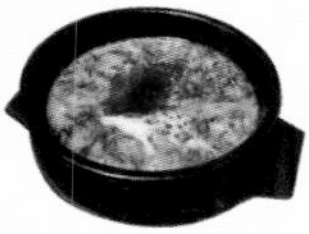

PART 3 서부권

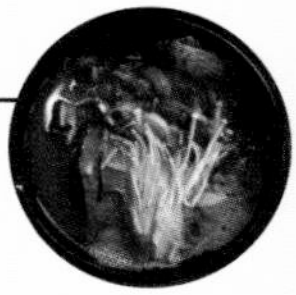
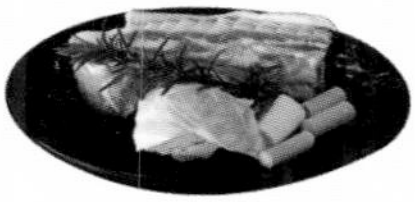

PART 4 동부권

PART 5 중문과 서귀포권

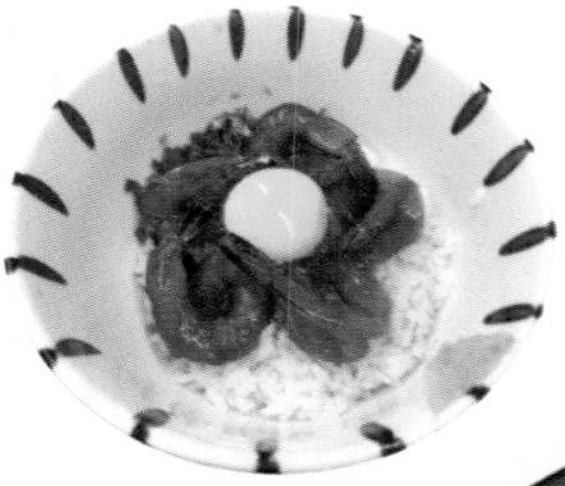

PART 1

미식 여행자를 위한 필수 정보 8가지

제주도의 월별 제철 횟감과 해산물

봄철 횟감

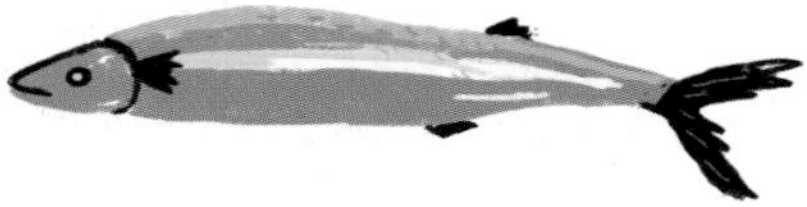

12월~3월 삼치

보통 11월부터 살이 오르기 시작하여 2~3월에 가장 튼실하다. 추자도 삼치를 최고로 친다. 다른 생선회와 달리 입에 넣으면 아이스크림처럼 살살 녹는다. 제주시의 추자본섬, 사방팔방, 일도촌이 삼치회 맛집이다.

4월~7월 자리돔

제주도엔 나이 들어 허리 굽지 않으려면 자리돔을 많이 먹으라는 말이 있다. 칼슘이 많다는 뜻이다. 몸길이 15cm 안팎으로, '돔'자 붙은 물고기 중 제일 작다. 봄과 초여름에 회와 물회로 많이 먹는다.

여름철 횟감

7월~9월 한치

제주도 속담에 '한치는 쌀밥, 오징어는 보리밥'이라는 말이 있다. 그만큼 맛이 뛰어난 고급 횟감이다. 여름철 밤바다에서 '어화'를 봤다면 대부분 한치잡이 배가 밝히는 것이다. 회와 물회로 주로 먹는다.

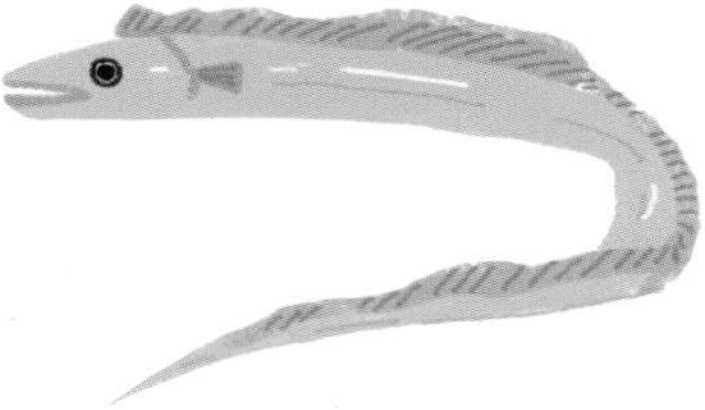

7월~11월 갈치

최고급 어종 가운데 하나이다. 모양이 칼처럼 생겨 도어刀魚라고도 불린다. 7~11월 사이가 제철이다. 여름과 가을 갈치의 맛이 가장 좋다. 몸을 덮고 있는 은분의 색이 밝으면 상품으로 친다.

가을철 횟감

9월~11월 고등어

무리를 지어 다닌다. 서해에서는 여름에도 잡히지만, 제주도에선 가을에 많이 잡힌다. DHA와 단백질이 풍부하다. 가장 맛있는 시기는 가을부터 겨울 사이이다. 이때 지방질이 최대로 올라오는 까닭이다.

8월~10월 히라스

방어의 사촌이다. 일본어 히라스로 많이 불린다. 방어보다 높은 온도18~22℃에서 자라기에 가을에 많이 잡힌다. 행동이 빨라 낚시꾼 사이에 '미사일'로 불린다. 방어보다 맛이 더 좋다. 배 부분이 특히 맛있다.

겨울철 횟감

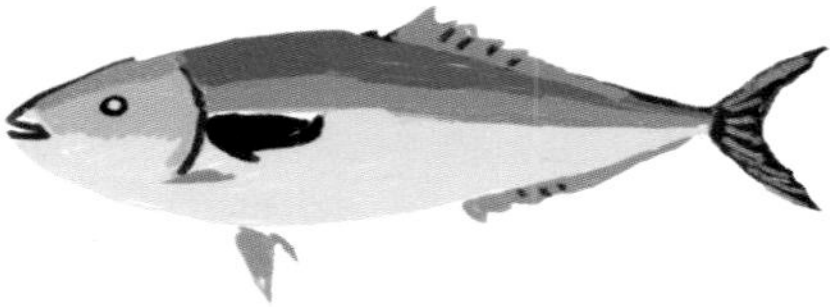

11월~2월 방어

제주도를 대표하는 겨울철 횟감이다. 가을에 러시아 해역에 머물다 초겨울에 제주도까지 내려온다. 히라스와 마찬가지로 클수록 맛이 좋다. 히라스보다 낮은 온도 15~18℃에서 자라기 때문에 겨울에 많이 잡힌다.

11월~2월 광어

넙치가 본래 이름이지만 광어로 더 많이 불린다. 늦가을부터 잡히기 시작하여 겨울이 제철이지만 양식 덕에 1년 내내 즐길 수 있다. 양식 광어는 배가 검은색에 가깝고, 자연산은 흰색이다. 겨울 광어 맛이 가장 좋다.

꼭 먹어야 할 제주도 대표 음식

갈치 음식 구이·조림·회

요즘 제주도에선 갈치를 통째로 구워 내오거나 통갈치, 문어, 전복, 새우를 넣은 통갈치조림이 인기를 끌고 있다.

춘심이네 본점 p132 **맛나식당** p166
네거리식당 p212 **색달식당 중문본점** p192

고기국수

돼지고기 육수에 면을 넣고 끓인 제주식 잔치국수이다. 고명으로 돼지고기 수육을 올리기 때문에 고기국수라는 이름을 얻었다.

자매국수 p40 **하갈비국수** p105 **국수바다 본점** p203
산도롱맨도롱 p163 **가시아방국수** p167

고등어회

고등어는 단백질과 불포화지방산인 DHA를 많이 품은 생선이다. 가장 맛있는 시기는 가을부터 겨울 사이이다.

미영이네식당 p123
곰막식당 p152

근고기과 흑돼지구이

근고기는 '근' 단위로 주문하는 제주식 돼지 구이이다. 제주흑돼지는 체질이 강건하고 질병 저항성이 높다. 근고기과 흑돼지구이 둘 다 멜젓에 찍어 먹는다.

근고기 **칠돈가 중문점** p190 **문치비** p206
복자씨연탄구이 p164
흑돼지구이 **고기가게 연동점** p44
숙성도 노형본관 p46 **월정리 꺼멍스** p158
숙성도 중문점 p189

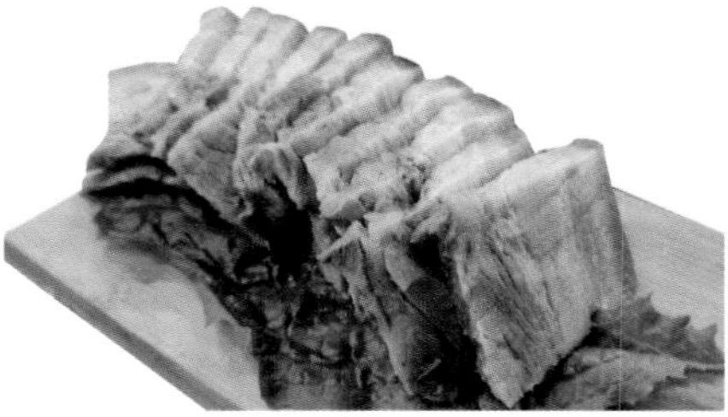

돔베고기

돔베는 제주어로 도마를 뜻한다. 돼지 수육을 돔베 위에 내온다고 해서 돔베고기이다. 고기를 멜젓에 살짝 찍어 먹는 맛이 일품이다.

삼대국수회관 본점 p42 **국수마당 본점** p43
신설오름 p70 **남원바당** p71 **가시아방국수** p167

물회

늦봄부터 초가을까지 주로 즐기는 제주식 냉국이다. 자리물회는 5~7월, 한치물회는 7~9월이 제철이다.

남원바당 p71 **곰막식당** p152
해왓 p168

방어회

방어는 겨울철 대표 횟감이다. 초가을 캄차카반도에서 마라도까지 내려와 자리돔을 먹이 삼아 겨울을 보낸다.

마라도횟집 p50 **풍어회센타** p51

전복 음식 구이·솥밥·뚝배기

전복돌솥밥, 전복뚝배기, 전복버터구이. 요즘 제주에선 전복 음식이 갈치 음식만큼이나 인기가 높다.

순옥이네명가 p54 **가람돌솥밥** p197 **명진전복** p160

보말 음식 보말죽과 보말칼국수

보말은 고둥의 제주어이다. 고둥살과 내장을 으깬 다음 체에 물을 부어 걸러낸 국물로 죽과 칼국수를 만든다.

옥돔식당 p124 **중문수두리보말칼국수** p204

해장국

제주도엔 유독 해장국집이 많다. 선지나 소고기해장국이 대중적이지만 고사리육개장도 해장국으로 인기가 좋다. **우진해장국** p86 **은희네해장국** p86
광양해장국집 p87

제주도민이 추천하는 찐 로컬음식

각재기국

각재기는 전갱이의 제주어이다. 토막 낸 전갱이, 배추, 고추, 대파, 다진 마늘을 넣고 끓인다. 국물이 시원해 속 풀기 좋다.

앞뱅디식당 p72 남원바당 p71

갈칫국

갈치호박국이라고도 부른다. 토막 낸 갈치, 호박, 얼갈이배추, 풋고추, 대파, 소금, 다진 마늘 등을 넣고 끓인다.

네거리식당 p212 화정식당 p213

고사리육개장

돼지고기 육수에 고기와 고사리나물, 메밀가루를 풀어 오랜 시간 푹 끓여낸다. 속을 풀기에 아주 좋다.

우진해장국 p86 김희선제주몸국 p69
낭푼밥상 p73

말고기

말고기는 다른 육류보다 달콤하고 지방이 적은 편이다. 육질도 소고기보다 부드럽다. 국, 구이, 육회로 주로 먹는다.

제주진미마돈가 본점 p133

몸국

몸국은 돼지고기를 삶은 육수에 몸모자반, 김치, 미역귀, 메밀가루를 넣고 끓인 국이다. 맛이 시원하고 얼큰하다. 김희선제주몸국 p69 신설오름 p70
낭푼밥상 p73

멜조림

제주도에선 멸치를 멜이라 부른다. 멜조림은 큰 멸치와 파, 양파, 마늘, 양념장을 넣고 조리는 제주 토속음식이다.

남원바당 p71 앞뱅디식당 p72

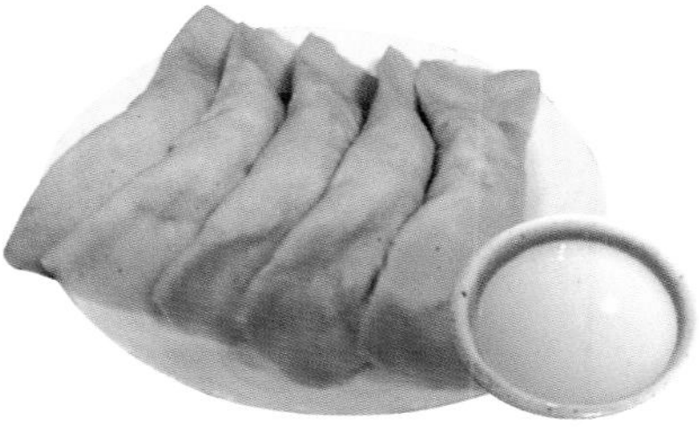

빙떡과 쉰다리

빙떡은 메밀 반죽에 다진 무를 넣고 기름에 부치는 토속음식이다. 쉰다리는 쉰 밥에 누룩을 넣고 발효시킨 제주식 요구르트이다. 동문재래시장, 서귀포매일올레시장, 하나로마트 제주점

성게미역국

서귀포 지역 향토 음식이다. 참기름, 미역, 성게 알, 마늘을 넣고 살짝 끓인다. 해장국만큼이나 속을 풀기 좋다.

순옥이네명가 p54 해왓 p168

오메기떡

오메기는 좁쌀의 하나인 차조를 뜻하는 제주어이다. 차조 가루와 팥으로 만든 떡으로, 간식과 선물용으로 좋다.

동문재래시장, 서귀포매일올레시장, 제주공항

접짝뼈국

접짝은 돼지 목 부위를 뜻한다. 큼지막한 목뼈와 찹쌀가루 또는 메밀가루를 살짝 넣고 곰탕처럼 푹 끓인 향토 음식이다. 제주시의 화성식당과 넉둥베기에서 먹을 수 있다.

화성식당(064-755-0285), 넉둥베기(064-743-2585)

여행자 사이에서 요즘 뜨는 음식

삼치회

제주의 봄철 회, 하면 단연 삼치다. 방어회처럼 두껍게 썰어 내오는데 입안에서 아이스크림처럼 사르르 녹는다. **추자본섬 연동점** p49

수제 햄버거

젊은이들, 그중에서도 20~30대 여성들에게 인기가 좋다. 최현석 셰프의 햄버거 가게도 남원에 들어섰다.
다운타우너 제주애월 p106 **무거버거** p142
일구공 제주남원점 p174

전복버터구이

양식이 일반화되면서 전복이 대중적인 음식 재료가 되었다. 버터를 넣은 전복구이는 부드럽고 찰지고 고소하다. **명진전복** p160

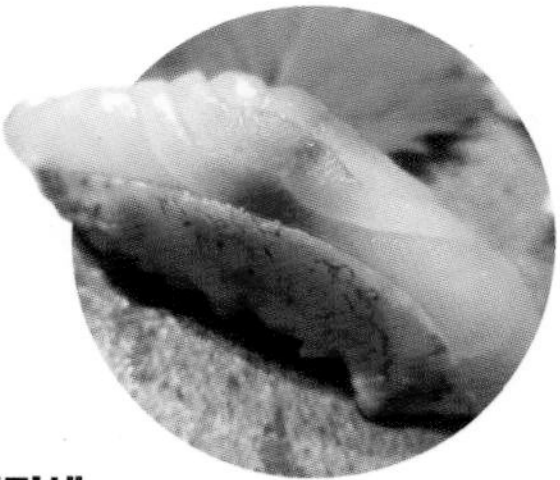

오마카세

오마카세는 우리말로 '주방장 특선'이라는 뜻이다. 스시 오마카세뿐 아니라 소고기와 철판 오마카세도 인기가 많다. **스시테이 오마카세** p60 **스시앤** p64
에스데판야끼 p214

퓨전 두부 음식

'겉바속촉'을 둘 다 느낄 수 있는 일본식 두부튀김 아게다시도후, 한치게장두부덮밥과 성게두부덮밥의 인기가 좋다. **신의한모** p94

여행자 사이에서 요즘 뜨는 디저트

당근케이크

구좌읍은 국내에서 손꼽히는 당근 생산지이다. 구좌 당근으로 만든 케이크는 제주에서 꼭 먹어야 할 디저트이다.

땅콩아이스크림

우도 땅콩으로 만든 아이스크림과 막걸리, 가파도 보리로 만든 막걸리도 여행자들이 많이 찾는다.

도넛

서울의 이름난 도넛 브랜드가 제주도로 건너왔다. 어떤 도넛 체인점은 서울보다 먼저 문을 열기도 했다.

랜더스도넛 제주애월점 p107 **카페노티드 제주** p136

우뭇가사리푸딩

제주산 우뭇가사리로 만든 푸딩이 인기를 끌고 있다. 구매 후 10분 이내에 먹어야 달큼하고 부드러운 맛을 온전히 느낄 수 있다. **우무(0507-1327-0064)**

돌카롱

돌카롱의 '돌'은 제주의 현무암을 뜻한다. 현무암 빛깔 크러스트에 형형색색의 필링을 채워 넣었다.

돌카롱 제주공항점 p89

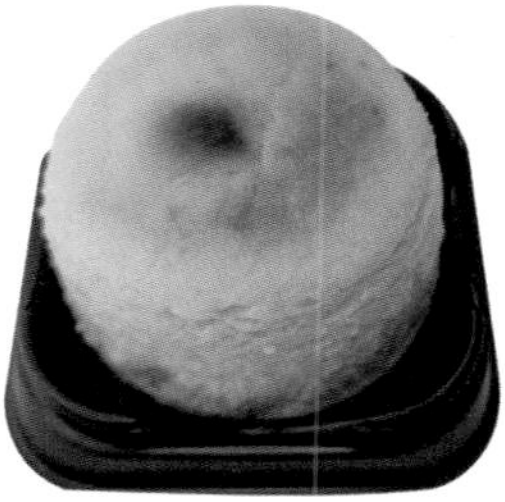

치즈케이크

제주시 노형동엔 직접 카페로 가 예약해도 최소 이삼일 후에나 받을 수 있는 치즈케이크가 있다.

제주하멜 p88

유명 셰프의 제주도 맛집

모리노아루요 p101

'마스터 셰프 오브 코리아1' 우승자 김승민 셰프가 오픈한 음식점이다. 그는 이효리와 이상순 부부의 결혼식 때 메인 셰프를 해서 더 유명해졌다. 주요 메뉴는 카이센동, 메로동, 부타동, 카라아게이다. 애월읍 유수암리에 있다.

문동일셰프의 녹차고을 p99

'한식대첩 시즌3'에 출연한 문동일 셰프의 맛집이다. 르꼬르동 블루 출신 문동일 셰프가 현대적인 제주 로컬 푸드를 선보인다. 들깨녹차칼국수, 고사리육개장, 한식대첩에 소개된 제주밥상세트를 즐길 수 있다. 감귤김치도 맛있다.

상춘재 p148

조천읍 선흘리에 있는 비빔밥 전문점이다. 성게비빔밥과 돌문어비빔밥, 해삼내장비빔밥 등을 즐길 수 있다. 상춘재는 청와대에 있는 전통 한옥 건물이다. 가게 주인이 청와대에서 한식 조리사로 재직했기에 이런 이름을 지었다.

소봉식당 p126

김소봉 셰프가 안덕면 사계리에서 운영하는 일본 가정식 맛집이다. 밥이 제일 중요하다고 여겨 갓 도정한 쌀로 직접 개발한 가마솥에 밥을 짓는다. 대표 메뉴는 미소가츠정식, 비프스튜정식이다. 어린이를 위한 메뉴도 있다.

스시테이 오마카세 p60

제주시 아라2동의 깨끗한 주택가에 있는 오마카세 전문점이다. 신라호텔 일식당에서 13년 동안 근무한 양준영 셰프가 운영한다. 가성비와 가심비를 둘 다 만족시킨다는 평이 나면서 여행자들도 많이 찾는다. 예약은 필수이다.

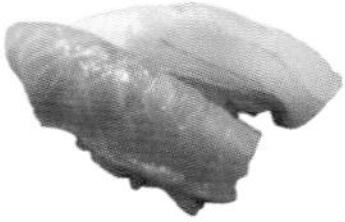

에스데판야끼 p214

오감을 만족시켜주는 고급 철판 요리 전문점이다. 제주신라호텔의 일식 레스토랑 '히노데'에서 20여 년 동안 일한 김완준 셰프가 운영한다. 불 퍼포먼스를 구경하며 철판 요리 오마카세를 즐길 수 있다. 서귀포시 호근동에 있다.

우동카덴 제주점 p150

음식 관련 TV 프로그램에 출연하여 유명해진 정호영 셰프가 운영하는 음식점이다. 야마카케우동, 텐뿌라우동, 이카텐붓카케우동, 에비텐붓카케우동……. 우동 종류가 다양하다. 면은 탱탱하고 육수는 깔끔하다. 조천읍 교래에 있다.

일구공 제주남원점 p174

최현석 셰프가 총괄하는 프리미엄 수제버거 체인점이다. 일반적인 햄버거의 패티가 100g 정도에 불과한데 일구공 수제버거의 패티 무게는 무려 190g에 달한다. 랍스타버거는 일구공 제주남원점에서만 판매한다.

제주도 최고 베이커리와 디저트 카페

제주하멜 p88

제주시에서 가장 핫한 디저트 카페이다. 달콤하고 부드러운 수제 치즈케이크의 인기가 폭발적이다. 카페로 직접 찾아가 예약자 명부에 등록하고 최소 2~3일을 기다려야 케이크를 찾을 수 있다. 치즈케이크 8개가 한 세트이다.

카페노티드 제주 p136

한담해변의 애월카페거리에 있는 도넛 전문점이다. 도넛은 설탕 범벅이라는 고정관념을 깼다. 달큼함과 담백함 사이, 그 어디쯤 있는 맛이다. 딸기크림도넛, 제주청귤도넛, 제주녹차도넛, 우유생크림도넛 등 종류가 다양하다.

랜디스도넛 제주애월점 p107

랜디스도넛은 1962년부터 미국 로스앤젤레스에서 탄생한 수제 도넛 브랜드이다. 제주애월점에서는 하루 2회 도넛을 만든다. 줄 서서 기다릴 정도로 인기가 많다. 글레이즈도넛, 버터크림도넛, 엠앤엠도넛의 인기가 높다.

애월빵공장앤카페 p136

곽지해수욕장 옆에 있는 베이커리 카페이다. 현무암쌀빵, 화산석쇼콜라, 한라봉무스 등 특이하고 제주 감성이 스며든 메뉴가 많다. 신선한 빵을 만들기 위해 방부제와 화학보존제를 사용하지 않는다.

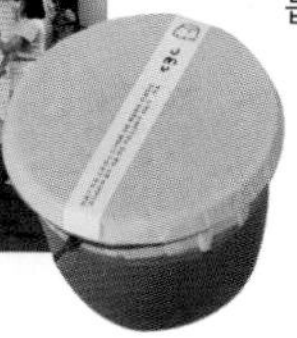

우무UMU

우뭇가사리 푸딩으로 유명한 디저트 카페이다. 우무는 우뭇가사리를 녹여 만든 식품인데, 이를 푸딩으로 새롭게 탄생시켰다. 초콜릿, 말차, 얼그레이, 커스터드 등 네 가지 맛 푸딩을 즐길 수 있다. 한림항 근처에 있다.

오지힐 p137

호주식 디저트를 지향하는 카페로, 제주도가 아니라 호주를 여행하다 카페에 들어선 기분이 든다. 대표 메뉴는 파블로바이다. 파블로바는 호주와 뉴질랜드의 국민 디저트이다. 스콘, 치아바타, 에그타르트도 맛있다.

미쁜제과 p137

미쁜은 순우리말로 '믿을 만하다'는 뜻이다. 제주 서남부에서 가장 핫한 한옥 베이커리이다, 빵과 음료 맛이 좋기로 평이나 있다. 프랑스 유기농 밀가루와 자연 숙성한 천연발효종으로 빵을 만든다. 대정읍 신도리 바닷가에 있다.

오드랑베이커리 p182

모든 빵을 직접 배양한 효소로 발효한 후 저온 숙성을 거쳐 느리게 구워낸다. 마농바케트로 도민들 사이에 알음알음 알려지더니 이제는 제주도 빵지 순례 필수 코스로 발돋움했다. 함덕의 소노벨제주 리조트 옆에 있다.

델문도 p182

함덕 바다가 한눈에 보이는 오션 뷰 카페이다. 야외 테라스로 나가면 에메랄드빛 바다가 푸른 비단처럼 펼쳐져 있다. 감탄사가 절로 나온다. 원래 원두 로스터리로 유명했으나 지금은 디저트도 커피만큼이나 평이 좋다.

블루보틀 제주 p183

스페셜 커피에 집중하는 브랜드이자 프랜차이즈이다. 커피계의 애플에 비유되곤 한다. 맛이 깊은 커피와 제주호떡, 감자치즈와플 같은 디저트도 즐길 수 있다. 한겨울, 날씨가 안 좋은 날을 빼곤 웨이팅을 각오해야 한다.

빅데이터가 말해주는 음식 종류별 베스트 맛집

고기국수, 돔베고기, 통갈치조림, 버터전복구이, 흑돼지구이, 햄버거, 우동, 디저트….
제주도 모든 식당 중에서 음식 종류별 최고 맛집을 2곳씩 골랐습니다.
이름하여, 빅데이터가 말해주는 종류별 베스트 맛집!

gourmet travel tip

미식 앱 활용해 대기 시간을 반으로!

테이블링은 맛집 예약과 원격 줄서기 애플리케이션이다. 앱을 다운받은 뒤, 방문할 맛집을 검색해보자. 테이블링 등록업체라면 원격 줄서기를 신청할 수 있다. 앱에서 대기자 수를 실시간으로 볼 수 있다. 또 내 차례가 가까워지면 카카오톡으로 현장 대기 알림 메시지가 온다. 이 앱으로 일부 음식점은 식사 예약도 할 수 있다. 원격 줄서기와 식사 예약은 여행자가 제주도에 있을 때만 가능하다.

갈치 음식

춘심이네 본점 p132
제주에서 가장 인기가 많은 갈치 맛집 가운데 한 곳이다. 대표 메뉴는 통갈치조림과 갈치구이이다. 통갈치구이는 직원이 먹기 좋게 가시를 발라준다.

맛나식당 p166
성산포 바람을 맞으며 아침부터 줄을 서게 만드는 집이다. 갈치조림과 고등어조림 맛집으로 명성이 자자하다. 다른 갈치 맛집보다 가격도 저렴해 더 좋다.

고기국수

자매국수 본점 p40
제주시에서 가장 유명한 고기국수 전문점이다. 돼지고기의 누린내를 많이 잡아 국수가 담백하고 고소하다. 이 집 고기국수 먹으러 제주에 간다는 사람도 있다.

가시아방국수 p167
제주 동부에서 고기 국숫집의 신흥 강자로 떠오른 곳이다. 육수가 깊으면서도 고소하고 깔끔하다. 국수에 올린 돔베고기는 입안에서 사르르 녹는다.

고등어 음식

미영이네식당 p123
구좌읍의 곰막과 더불어 제주도에서 가장 이름난 고등어회 맛집이다. 참기름을 두른 밥과 고등어회, 채소 무침을 김에 올려 먹으면 고소한 맛이 아주 좋다.

이춘옥고등어쌈밥 p96
20년이 넘은 고등어 맛집이다. 고등어묵은지찜을 상추와 깻잎에 싸 먹으면, 묵은지는 아삭하고 양념이 잘 밴 고등어는 고소한 맛이 난다.

근고기와 흑돼지구이

고기가게 연동점 p44

제주도 최고의 숙성흑돼지 맛집이다. 25일 동안 흑돼지를 습식으로 숙성한다. 가심비와 가성비를 둘 다 만족시킬 만큼 가격이 합리적이어서 더 좋다.

숙성도 중문점 p189

새롭게 떠오르는 흑돼지 전문점이다. 습식과 건조 등 두 가지 방법으로 교차 숙성하는데, 육즙이 풍부하고 풍미가 좋다. 근고기는 칠돈가 중문점이 유명하다.

김밥

오는정김밥 p217

30년 전통을 자랑하는 곳으로 오래전부터 소문이 자자했다. 맛있고 독특해서 마약 김밥이라 불린다. 포장만 가능하고, 2~3시간 전에 전화 주문해야 한다.

제주김만복 본점 p85

오라동 제주종합경기장 근처에 있다. 전복주먹밥으로 유명세를 얻었다. 맛은 대체로 담백하고 깔끔하다. 서귀포, 상산, 애월읍, 함덕해수욕장에 지점이 있다.

돔베고기

삼대국수회관 본점 p42

제주시 일도이동 국수문화거리에 있다. 자매국수, 올래국수와 더불어 3대 고기국수로 꼽히지만, 돔베고기도 유명하다. 제주시 연동과 노형동에 지점이 있다.

국수마당 본점 p43

고기국수 맛집은 대부분 돔베고기 맛집이다. 이 집 돔베고기는 야들야들하고 촉촉하다. 서귀포의 천짓골식당, 성산의 가시아방국수도 돔베고기 맛집이다.

두루치기

춘미향 p125

이 집의 흑돼지두루치기는 맛과 가성비 어느 것도 놓치지 않는다. 시큼하게 익은 김치를 넉넉하게 넣은 까닭에 음식이 깔끔하고 감칠맛이 돈다.

가시식당 p171

표선면 가시리에 있다. 몸국으로 유명하지만, 두루치기 식당으로도 인기가 높다. 마니아들이 많은 식당이다. 근처의 나목도식당도 두루치기 맛집이다.

디저트

카페노티드 제주 p136

한담해변의 애월카페거리에 있는 도넛 전문점이다. 도넛은 설탕 범벅이라는 고정관념을 깼다. 달큼함과 담백함 사이, 그 어디쯤 있는 매혹적인 맛이다.

오드랑베이커리 p182

모든 빵을 직접 배양한 효소로 발효한 후 저온 숙성을 거쳐 느리게 구워낸다. 마농바케트로 유명하다. 제주도 빵지 순례 코스로 빠지지 않는다.

라면과 짬뽕

노라바 p98

제주에서 가장 인기가 많은 해물라면 맛집이다. 문어라면도 인기가 많다. 매일 아침 육수를 직접 끓여 맛을 낸다. 애월해안도로 동양콘도 옆에 있다.

섬소나이 위미점 p179

어디에 내놔도 손색이 없는 짬뽕 맛집이다. 해산물과 모자반을 접목하여 개발한 퓨전 짬뽕이 대표 메뉴이다. 서귀포에 있는 함쉐프키친의 갈비짬뽕도 유명하다.

몸국과 고사리육개장

김희선제주몸국 p69

제주도에서 손꼽히는 몸국 전문 식당이다. 제주공항 북쪽에 있어서 여행을 시작할 때, 또는 여행을 마무리할 때 가기에 좋다. 고사리육개장도 맛있다.

문동일셰프의 녹차고을 p99

프랑스 유명 요리학교 르 꼬르동 블루 출신 문동일 셰프가 제주 전통음식을 현대적으로 재해석해 선보인다. 깊고 담백한 고사리육개장을 즐길 수 있다.

물회

순옥이네명가 p54

전복이 푸짐하게 나온다. 여사장이 해녀이고 남편은 전복 전문 도소매상을 하고 있기에 가능하다. 전복죽과 전복물회, 한치물회, 전복뚝배기가 유명하다.

해왓 p168

섭지코지에서 가까운 해산물 맛집이다. 모둠물회, 전복물회, 한치물회, 갈치조림, 우럭조림, 성게미역국 등 제주의 신선한 해산물을 골고루 즐길 수 있다.

보말죽과 보말칼국수

중문수두리보말칼국수 p204

중문관광단지에서 이름난 보말칼국수 맛집이다. 보말은 바다 고둥을 뜻하는 제주어이다. 보말 중에서 최고로 치는 수두리보말을 사용해 칼국수를 만든다.

옥돔식당 p124

서부권에서 손꼽히는 보말전복칼국수 맛집이다. 노벨문학상 수상자인 프랑스 소설가 르 클레지오도 극찬한 맛집이다. 보말전복칼국수는 국물이 진하면서도 시원하다.

생선회

쌍둥이횟집 본점 p208

서귀포에서 제일 유명한 횟집이다. 제철 생선 중심으로 황돔, 다금바리, 우럭 등으로 구성된다. 화려한 색의 향연이 펼쳐져 저절로 카메라를 들게 된다.

마라도횟집 p50

신제주에서 횟집을 추천해 달라고 하면 열 중 셋 이상은 이곳을 알려준다. 겨울철 대방어회로 가장 유명하다. 참치와 다금바리, 고등어회도 대표 메뉴이다.

스시·오마카세

아리 p210

서귀포에서 스시와 텐동 맛집으로 소문이 난 가게이다. 초밥이 신선하고 깔끔하다. 최선의 맛을 내며, 언제 가도 맛이 항상 일정해 단골이 많다.

스시테이 오마카세본점 p60

제주시 아라2동에 있는 오마카세 전문점이다. 셰프는 신라호텔에서 13년 동안 근무한 경력이 있다. 가심비와 가성비를 동시에 만족시킨다는 평을 받는다.

우동

협재수우동 협재점 p114

한림읍에서 손꼽히는 뷰 맛집으로, 맛있는 우동에 풍경까지 아름다우니 입은 물론 눈까지 즐겁다. 가장 인기가 많은 메뉴는 자작냉우동이다.

우동카덴 제주점 p150

홍대의 우동 맛집 카덴이 제주도에도 생겼다. TV 음식 프로그램에 출연해 유명해진 정호영 셰프가 운영한다. 어느 우동을 시키든 맛은 평균 이상이다.

전복 음식

명진전복 p160
구좌읍 평대리에 있는 전복 맛집이다. 대표 메뉴는 전복돌솥밥과 전복구이다. 전복영양밥은 보기만 해도 군침이 돈다. 전복버터구이 맛도 훌륭하다.

순옥이네명가 p54
전복죽과 전복물회가 맛있기로 유명하다. 전복뚝배기와 성게미역국, 한치물회도 뒤지지 않는다. 손님이 많으므로 식사 시간을 피해서 가는 게 좋다.

파스타

돌레길 p198
숙성 흑돼지로 만드는 오믈렛과 파스타로 소문난 찐 맛집이다. 적당한 크기의 돼지고기가 파스타의 맛과 식감을 돕는다. 오믈렛 커팅 쇼도 유명하다.

만월당 p155
월정리해수욕장 카페거리 뒤편에 있다. 이탈리안 음식을 제주식으로 재해석해 요리를 만든다. 대표 메뉴는 성게크림파스타, 딱새우로제파스타, 전복리소토이다.

퓨전 음식

신의한모 p94
애월읍의 하귀포구에 있는 퓨전 두부 요리 전문점이다. '겉바속촉'을 동시에 느낄 수 있는 두부튀김, 한치게장두부덮밥, 성게두부덮밥이 대표 메뉴이다.

상춘재 p148
청와대에서 한식 조리사로 일했던 셰프가 운영한다. 성게비빔밥, 멍게비빔밥. 돌문어비빔밥이 대표 메뉴이다. 상춘재의 음식엔 담백함과 풍류가 녹아 있다.

해물탕과 해물뚝배기

청도 p53
제주시 용담해안도로에 있는 해물탕 맛집이다. 푸짐한 양과 깊은 국물 맛이 인상적이다. 해물탕에 조개, 딱새우, 꽃게, 전복, 키조개, 돌문어가 가득하다.

독개물항 한림본점 p111
이 집의 대표 메뉴는 해물뚝배기이다. 오분자기, 조개, 딱새우 등 해산물을 듬뿍 넣고 된장으로 맛을 더해낸다. 성게미역국, 전복죽도 많은 손님이 찾는다.

해장국

우진해장국 p86
제주시 최고의 해장국집이다. 인기가 많은 메뉴는 걸죽한 고사리육개장이다. 돼지고기 육수에 고사리, 메밀가루를 넣고 오랜 시간 푹 끓여낸다.

은희네해장국 p86
우진해장국과 쌍벽을 이룬다. 소고기해장국이 대표 메뉴이다. 모든 재료가 어우러져 맛이 깊고 시원하다. 제주도 여러 지역에 지점이 있다.

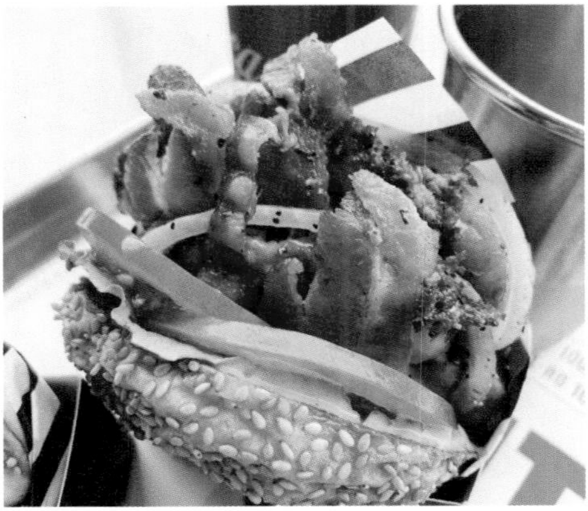

햄버거

무거버거 p142
함덕해수욕장 근처에 있는 오션 뷰 맛집이다. 제주도에 수제 햄버거 바람을 일으킨 곳이다. 대표 메뉴는 당근버거, 시금치버거, 마늘버거이다.

다운타우너 제주애월 p106
한담해변 애월카페거리에 있는 수제 버거 전문점이다. 인기가 많은 메뉴는 베이컨치즈버거, 아보카도버거, 갈릭버터플라이, 오리지날프라이이다.

Jeju City

PART 2
제주시권

제주시 맛집

제주시 해장국 열전

제주시 베이커리와 디저트 카

제주시권 맛집 지도

청도
김희선
제주몸국
도두봉
도두동무지개해안도로
순옥이네명가
제주국제공항
조랑말등대
이호테우해변
제주탑해장국앤
돈가스본점
올래국수
순창갈비
제주도청
마라도횟집
숙성도
노형본관
추자본섬
연동점
스시렌
낭푼밥상
고기가게 연동점
제주하멜
아라파파
수목원길
야시장
한라수목원
연우네

제주항
사라봉
일통이반
용두암
자매국수
미친부억
앙뚜아네트
용담점
제주시
새우리 본점
산지천
국립제주박물관
제주동문시장
제주서문수산
우진해장국
은희네해장국
본점
국수마당 본점
수너베러
삼대국수회관
본점
동이트는집
신설오름
삼성혈
풍어회센타
남원바당
제주시청
광양해장국
돌카롱 제주공항점
제주김만복
본점
스시앤
소담한봉봉
위트레이즌
더스푼
스시테이 오마카세본점
오오치
갓포제호
도르다이닝

자매국수

noodles

제주시 탑동로11길 6 064-746-2222 09:00~19:40(브레이크타임 14:20~16:00, 수 휴무)
고기국수, 비빔국수 ₩ 8,000원(1인 기준, 면 사리 추가 무료)
전용 주차장 단체석 있음, 포장 가능, 모바일 예약 시스템, 반려동물 출입금지

이 집 고기국수 먹으러 제주 간다

평양 하면 냉면, 부산은 밀면이듯 고기국수는 제주를 대표하는 음식이다. 건면이 나오기 시작한 게 1910년대 초였다. 이때부터 제주도에선 돼지 뼈를 우린 국물에 국수를 삶아 먹기 시작했다. 제주식 고기국수가 탄생하는 순간이었다. 자매국수는 제주에 고기국수를 파는 많은 식당 중에서 단연 돋보인다. 돼지 뼈와 살코기를 고아 만든 육수에 면을 넣고 잘 삶은 돼지고기를 고명처럼 얹어준다. 제주가 아니랄까 봐 고기엔 돼지비계가 두툼하게 붙어있다. 별도의 조미료나 첨가물을 넣지 않는 전통 방식의 고기국수는 돼지누린내가 난다. 하지만 자매국수는 누린내를 많이 잡아 국수가 담백하고 고소한 편이다. 고기국수가 처음인 사람도 거부감이 없이 즐길 수 있다. 고기국수가 낯설거나 부담스럽다면 매콤하고 달큼한 양념장이 일품인 비빔국수를 추천한다.

ONE MORE 주변의 다른 맛집

미친부엌 크림짬뽕, 모듬사시미, 치킨가라아게
제주시 탑동로 15 064-721-6382

일통이반 보말죽, 문어숙회, 성게알, 돌멍게
제주시 중앙로2길 25 064-752-1028

올래국수

noodles

제주시 귀아랑길 24 064-742-7355

08:30~15:00(주문 마감 14:50, 재료 소진 시 조기 마감, 일요일 휴무) 고기국수

₩ 9,000원 근처 마리나호텔과 마리나웨딩홀 주차장 반려동물 동반 불가

제주시 3대 고기국수

자매국수, 삼대국수회관과 함께 제주시 3대 고기국수 맛집으로 손꼽히는 곳이다. 삼대국수회관 대신 국수마당을 넣기도 한다. 제주공항에서 차로 10분 거리에 있다. <수요미식회>에 소개된 이후 방문객이 많아져 비빔국수를 없애고 고기국수 한 가지만 판매한다. 자리를 잡으면 인원수에 맞춰 고기국수가 나온다. 고명으로 올린 두툼한 돔베고기 양에 놀라고 의외로 맑고 깔끔한 국물에 또 한 번 놀란다. 뽀얗고 진한 국물 자랑하는 자매국수와 종종 비교되곤 하는데, 이 집은 고기 육수와 멸치 육수를 섞어서 사용해 담백하고 감칠맛이 강하다. 제주도 잔칫집에서 먹는 것과 비슷하다. 아낌없이 넣은 돔베고기 맛 또한 일품이다. 오랜 시간 삶은 육질은 부드럽다 못해 입 안에서 사르르 녹는다. 돔베고기가 메뉴에 없는 것이 아쉬울 정도이다. 최근 서귀포 시내 아랑조을거리서귀동 근처에 서귀포점을 냈다.

ONE MORE 주변의 다른 맛집

탑해장국앤돈가스 버섯많이해장국, 고기많이해장국, 돈가스

제주시 신대로7길 7 064-749-8201

추자본섬 연동점 삼치회, 고등어회, 방어회

제주시 선덕로 14 064-747-1115

삼대국수회관 본점

noodles

◎ 제주시 삼성로 41 ☏ 064-759-6645 ◷ 08:30~03:30(연중무휴)

Ⓜ 고기국수, 비빔국수, 멸치국수, 돔베고기, 열무국수(여름) ₩ 8,000원(1인 기준)

전용 주차장 ⓘ 휴일과 브레이크타임 없음, 물만두와 돼지국밥 메뉴도 있음

양 많고 맛도 좋은 고기국수

제주시 일도이동 국수문화거리에 있다. 신산공원 건너편에 고기국수 가게가 큰 길가에 몰려 있는데, 그래서 국수문화거리란 이름을 얻었다. 이 거리에서 국수마당과 더불어 고기국수로 이름이 많이 나 있다. 자매국수, 올래국수와 더불어 3대 고기국수로 꼽히지만, 삼대국수회관 대신 국수마당을 꼽는 사람도 제법 많은 편이다. 삼대국수회관은 매장이 꽤 넓다. 대표 메뉴는 고기국수, 비빔국수, 멸치국수, 돔베고기이다. 여름철에는 열무국수도 판매한다. 돼지 사골로 육수를 내는데, 오랫동안 끓여 맛이 진하다. 면은 굵기가 파스타 면에 가까운 중면이다. 면발이 탱탱해서 좋다. 게다가 양도 많고, 고기도 다른 집보다 많이 올려준다. 비빔국수도 고기국수 못지않게 맛이 좋다. 고기국수보다 비빔국수를 더 높게 평가하는 사람도 많다. 연동과 노형동에 지점이 있다.

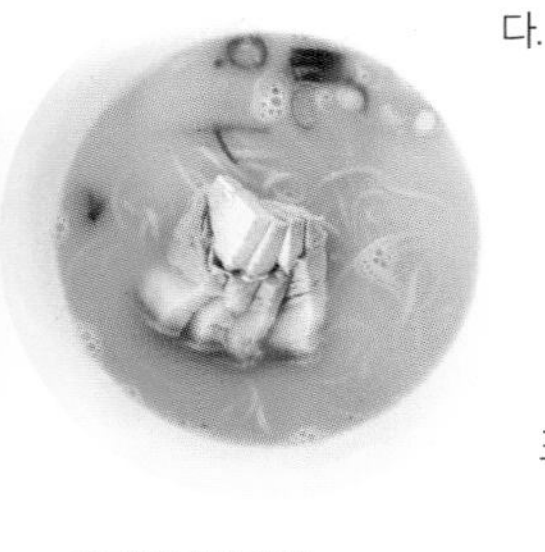

ONE MORE 주변의 다른 맛집

국수마당 본점 고기국수, 아강발, 돔베고기

◎ 제주시 삼성로 65 ☏ 064-727-6001

국수마당 본점

noodles

제주시 삼성로 65 064-727-6001 08:20~22:00

고기국수, 돔베고기, 아강발, 콩국수(여름) ₩ 8,000원(1인 기준)

길가 주차 라인 돔베고기 절반 주문 가능, 반려동물 동반 불가

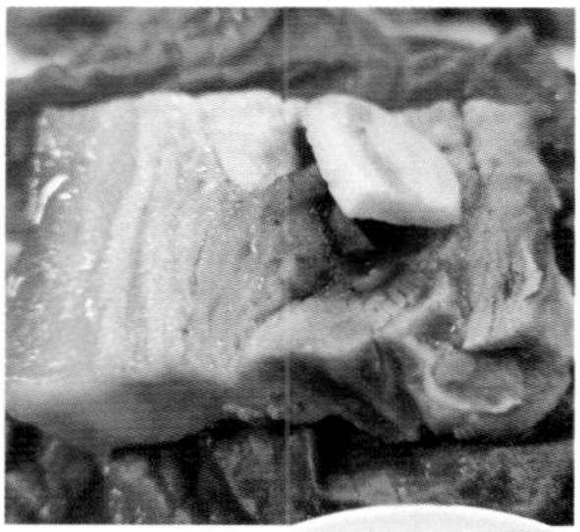

배지근한 괴기국수는 여기왕 드십써!

고기국수는 1910년~1920년대 제주에서 건면이 생산되기 시작하면서부터 생겨났다. 결혼식 등 집안 행사 때 돼지고기 육수에 경사와 장수를 상징하는 국수를 삶아 손님 접대용으로 내놓던 고급 음식이었다. 국수마당은 일도2동의 국수문화거리에 있다. 고기국수를 제대로 하는 곳이다. 이 집은 고기국수를 맛있게 먹는 방법을 안내해준다. 먼저, 순수한 면과 뜨끈한 국물의 담백한 맛을 즐기고, 어느 정도 먹으면 매콤한 양념을 넣어서 먹는다. 마지막으로 김 가루를 넣어 고소한 맛을 즐겨보라고 권한다. 수육이 있어야 진정한 고기 국숫집이다. 두툼한 돔베고기는 야들야들하고 촉촉하다. 새우젓, 쌈장, 김치, 양파장아찌를 곁들여 상추에 싸 먹으면 금세 눈 녹듯이 사라진다. 돔베고기는 절반도 주문할 수 있다. 비빔국수, 열무국수, 아강발돼지족발도 판매한다.

ONE MORE 주변의 다른 맛집

삼대국수회관 본점 고기국수, 멸치국수, 돔베고기

제주시 삼성로 41 064-759-6645

고기가게 연동점

barbecue

제주시 국기중길 12 1층 064-748-8892 매일 17:00~22:00(1·3주 화요일 휴무)
숙성흑돼지, 돼지꼬리 양념구이 ₩34,000~57,000(2인 기준)
가게 앞 공영주차장, 길가 주차 600시간 동안 워터에이징, 숙성흑돼지의 끝판왕

가심비·가성비 최고의 숙성흑돼지구이

요즘 들어 흑돼지 숙성육을 파는 가게가 많아졌지만, 여기가 단연 최고이다. 이곳 주인은 흑돼지 과학자 수준이다. 최고의 흑돼지구이를 위해 연구를 거듭하여 최적의 숙성 시간을 찾아냈다. 그래서 나온 시간이 600시간이다. 25일 동안 흑돼지를 워터에이징한다. 이렇듯 고기가게는 '오랜 기다림'의 흑돼지고기를 선보인다. 그뿐이 아니다. 이번에는 가장 맛있게 구울 수 있는 조건을 연구했다. 숯, 불판, 환풍 시설을 몇 번씩 바꾸며 최적의 조건을 찾아냈다. 그런데도 다른 곳보다 아주 합리적인 가격에 흑돼지를 팔고 있다. 가심비와 가성비를 둘 다 만족시킨 가게이다.

숙성흑돼지세트를 주문하면 오겹살과 꾸리살, 부챗살, 주걱살 등 여러 부위 흑돼지를 맛볼 수 있다.

ONE MORE 주변의 다른 맛집

낭푼밥상 몸국, 고사리육개장정식
제주시 연동6길 28 064-799-0005

마라도횟집 대방어, 생선회
제주시 신광로8길 3 064-746-2286

숙성도 교차숙성흑돼지
노형본관 제주시 원노형로 41 064-711-5212

추자본섬 연동점 삼치회, 고등어회, 광어회, 방어회
제주시 선덕로 14 064-747-1115

순창갈비

barbecue

제주시 신광로4길 11 064-742-6440 11:30~21:00(브레이크타임 15:00~17:00)
안창살, 곱창구이, 곱창전골 ₩ 30,000원~60,000원(1인 기준)
신제주 공영주차장 주차 후 도보 약 7분 이동(500m) 분점으로 노형순창갈비가 있다. 저녁에만 영업한다.

'최자로드'에 소개된 곱창전골 맛집

제주도 최고의 소고기 전문점 중 한 곳이다. 유명한 맛집 유튜브 '최자로드'에 곱창전골 맛집으로 소개되면서 더욱 유명해졌다. 안창살과 양곰탕도 매우 맛있다. 이곳에서 제대로 먹는 코스를 소개한다. 우선 안창살은 금세 품절이 되니 먹으려면 예약이 필수이다. 안창살은 소 한 마리에서 1.2~1.8㎏ 밖에 나오지 않는 귀한 부위이고, 맛도 뛰어나다. 뜨겁게 데운 돌판에 기름을 고루 발라 익혀주면 담백하면서도 부드러운 식감이 아주 좋다. 게다가 달큼한 육즙이 나오는데 그 맛이 감동적이다. 안창살을 다 먹을 즈음 전골을 주문한다. 단골들은 전골의 소고기와 곱창을 반반 섞어서 주문한다. 전골이 조금 남았을 때, 밥을 시켜 볶아먹는다. 마지막으로, 곰탕을 주문한다. 이미 배가 불렀을 터이니, 반탕양곰탕 절반을 주문하면 된다. 이 코스로 먹고 가면 후회 없는 미식 여행이 될 것이다.

ONE MORE 주변의 다른 맛집

마라도횟집 대방어, 생선회
제주시 신광로8길 3 064-746-2286

숙성도 노형본관 교차숙성흑돼지
제주시 원노형로 41 064-711-5212

숙성도 노형본관

barbecue

제주시 원노형로 41 064-711-5212 매일 11:00~23:00(주문 마감 22:00)
교차숙성흑돼지, 720숙성삼겹 ₩ 32,000원(교차숙성흑돼지 2인분)
주변 공영주차장 오후 5시 이후 아동과 영유아는 두 명까지 입장 가능

교차 숙성으로 재탄생한 흑돼지의 깊은 맛

숙성도는 넷플릭스 다큐 '삼겹살 랩소디'에 한국 대표 삼겹살 식당으로 소개될 만큼 유명한 돼지고기 식당이다. 이곳의 가장 큰 특징은 제주 흑돼지를 건식숙성Dry aging과 습식숙성Wet aging을 교차하여 숙성시킨다는 점이다. '960숙성뼈등심'과 같이 메뉴에 등장하는 독특한 숫자는 숙성 시간을 뜻한다. 돼지고기 숙성 전문점답게 매장에 들어서면 대형 냉장고 속에 삼겹살, 항정살, 앞다리살 등 다양한 부위의 돼지고기들이 숙성의 시간을 보내고 있다. 이 집의 상징과 같은 메뉴는 '교차숙성흑돼지'다. 기름기가 적은 앞다리살를 숙성시킨 메뉴인데, 삼겹살이나 목살이 구이 부위의 중심이라 여겼던 생각을 교정하게 해준다. 교차 숙성하는 동안 흑돼지의 풍미는 올라오고 고기는 부드러워져 그럴까? 한입 베어 물면 입안 가득 터져 나오는 육즙과 진한 육향이 미각을 즐겁게 해준다. 지금까지 경험하지 못한 돼지고기 맛이다. 내가 씹는 고기가 앞다리살이라는 게 믿기지 않는다. 숙성도는 직접 구워주는 그릴링 수준도 꽤 높다. 이래저래 웨이팅 맛집이라는 평가에 고개가 끄덕여진다.

ONE MORE 주변의 다른 맛집

마라도횟집 대방어, 생선회
제주시 신광로8길 3 064-746-2286

순창갈비 안창살, 곱창구이, 양곰탕
제주시 신광로4길 11 064-742-6440

소담한봉봉

barbecue

제주시 신설로9길 20 010-4696-7003 17:00~24:00(일 휴무)
한우산적꼬치, 모듬꼬치 ₩50,000원(2인 기준)
식당 인근 주택가 골목 예약 가능, 반려동물 출입금지

가성비 좋은 화로구이 맛집

제주시 이도2동 주택가에 있는 야키니쿠일본식 구이 요리 전문점이다. 다양한 꼬치구이와 부위별 한우구이를 즐길 수 있다. 내부는 바 형태 테이블과 4인 좌석, 별도의 룸으로 구성돼 있다. 어두운 듯 은은한 조명이 오사카 선술집 분위기를 연상시킨다. 가성비를 생각한다면 한우산적꼬치와 꼬치구이세트 메뉴를 주문하는 게 좋겠다. 한우구이를 먹고 싶다면 주문하기 전에 추천하는 부위를 문의해도 좋다. 메뉴를 주문하면 테이블에 화로를 준비해준다. 화로구이 전문점답게 상차림이 단정하다. 지글지글, 다양한 꼬치와 선홍빛이 도는 한우가 화로 위에서 맛있게 익어간다. 저절로 입에 침이 고인다. 이쯤에선 술을 시켜야 한다. 소주, 맥주, 하이볼 등 주종이 다채롭다. 화로의 화력이 센 편이다. 타지 않게 방심하지 말고 열심히 젓가락을 움직이는 게 좋다. 가게가 좁은 편이라 예약이 치열하다.

ONE MORE 주변의 다른 맛집

스시테이 오마카세 주방장 특선
제주시 신설로6길 2-11 064-756-1626

더스푼 디너코스, 성게어란파스타, 양갈비스테이크
제주시 구남동1길 45 064-725-1324

추자본섬 연동점

sashimi

제주시 선덕로 14 064-747-1115 15:00~22:00
삼치회, 고등어회, 광어회, 방어회 ₩ 70,000원~100,000원(2인 기준)
건너편 제주웰컴센터 주차장 이용(제주시 선덕로 23) 단체석 있음

살살 녹는 추자도 삼치회 드세요

광어, 우럭, 고등어, 갈치, 방어……. 흔한 횟감 말고 이번엔 삼치회를 즐겨보는 건 어떨까? 삼치회는 식감이 놀랍고 색다르다. 다른 생선회와 달라서 찰지고 쫄깃하기보다는 마치 아이스크림을 먹는 것처럼 부드럽다. 회를 삼겹살처럼 두껍게 썰어 내오는데, 듬삭한듬뿍, 풍부한, 먹음직하게 크다는 뜻의 제주어 삼치회 한 점 입에 넣으면 씹기도 전에 입안에서 사르르 녹는다. 삼치 중에서 추자도 삼치를 제일 많이 쳐준다. 삼치회는 묵은지와 궁합이 일품이다. 언제든 먹을 수 있지만, 겨울부터 이른 봄 사이에 맛이 제일 좋다. 제철인 까닭이다. 추자본섬은 그야말로 '유명한' 삼치회 식당이다. 명성으로 치면 제주도에서 최고다. 네이버 검색창에 '추자본섬'을 치면 리뷰가 제법 많이 올라와 있다. 리뷰도, 평점도 대부분 좋다. 가능하면 예약하는 게 좋다. 제주도청에서 멀지 않은 연동에 있다.

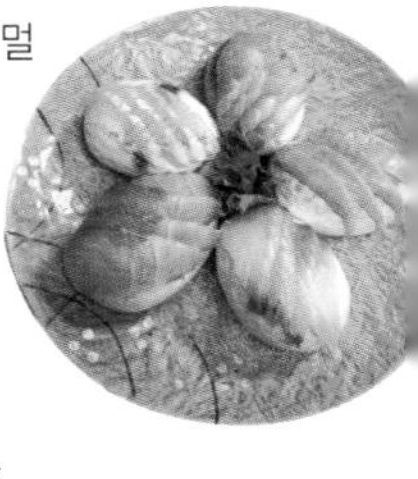

ONE MORE 주변의 다른 맛집

앞뱅디식당 멜국, 멜조림, 각재기국
제주시 선덕로 32 064-744-7942

마라도횟집 대방어, 생선회
제주시 신광로8길 3 064-746-2286

낭푼밥상 몸국, 고사리육개장정식
제주시 연동6길 28 064-799-0005

마라도횟집

sashimi

제주시 신광로8길 3 064-746-2286 매일 13:00~24:00
방어회, 참치회, 다금바리회, 고등어회 ₩ 80,000원~100,000원(2인 기준)
길가 또는 신제주공영주차장 대방어회로 유명하지만, 생참치와 자연산 고등어회도 대표 메뉴이다.

특대방어의 최고봉!

신제주에서 횟집 하나 추천해 달라고 하면 아마 열 중 셋 이상은 이곳을 알려주지 않을까 싶다. 허름하고 오래된 인테리어에서 노포 맛집의 향기가 풍긴다. 이곳은 겨울철 대방어회로 가장 유명하다. 방어회를 큼직하고 길게 썰어주어, 맛과 식감을 제대로 느낄 수 있다. 뱃살과 특수부위는 감동스럽기까지 하다. 생참치와 다금바리, 자연산 고등어회도 대표 메뉴이다. 생참치의 특수부위는 입에서 살살 녹는 맛이 일품이고, 다금바리는 최고급 어종으로 한 마리에서 30가지 맛을 느낄 수 있다고 알려져 있다. 제주에서도 취급하는 곳이 많지 않고 제대로 맛을 느낄 수 있는 회를 손질하기도 쉽지 않다. 마라도횟집은 회 뜨는 실력이 뛰어나 믿고 먹을 수 있다. 자연산 고등어회는 달큼하면서도 부드러운 식감이 뛰어나며, 김과 초밥, 양파, 무순을 얹어 다양한 맛으로 즐길 수 있다. 상호는 마라도횟집이지만 '연동마라도'라는 간판을 달고 있다.

ONE MORE 주변의 다른 맛집

숙성도 노형본관 교차숙성흑돼지
제주시 원노형로 41 064-711-5212

순창갈비 안창살, 곱창구이, 양곰탕
제주시 신광로4길 11 064-742-6440

낭푼밥상 몸국, 고사리육개장정식
제주시 연동6길 28 064-799-0005

풍어회센타

sashimi

제주시 연수중길 15 064-727-0401 16:30~21:30(재료 소진 시 조기마감)

한치회(여름), 전어회(가을), 방어회(겨울) ₩ 40,000원~60,000원(2인 기준)

길가 주차, 또는 주변 공영주차장 포장 가능, 재료 소진이 빠르므로 오픈 시간대 방문 추천 @poong_jeju

자연산만 판매하는 보물 같은 횟집

독특하게 봄철 영업을 하지 않는다. 초여름이 되면 제주 시민들은 풍어회센타가 문을 열기를 손꼽아 기다린다. 고급 어종인 한치를 저렴하게 먹을 수 있는 데다 전복회와 옥돔구이까지 푸짐하게 내어주기 때문이다. 처음엔 회로 먹다가 중간 즈음 야채밥에 한치를 넣고 쓱쓱 비벼 쌈에 싸 먹어보자. 한치회 좀 먹을 줄 안다는 소리를 들을 것이다. 한치가 자취를 감출 즈음, 전어회가 등장한다. 뼈째 썰지 않고 길게 회를 떠주어 '뼈회'를 싫어하는 사람도 쉽게 먹을 수 있다. 겨울엔 특대방어회를 맛볼 수 있다. 특수부위는 따로 주문받지 않고 테이블마다 공평하게 나눠준다. 고소한 내장수육은 금세 품절이 되니 참고하자. 4~5시간 우려낸 방어지리는 '소주 한 병 추가요'를 절로 외치게 한다. 방어 철에는 1시간 30분 동안만 먹을 수 있다. 이곳에서는 먹는 일에 집중하자! 전날 어선의 조업에 따라 영업 상황이 변경될 수 있으므로 미리 확인하고 가는 게 좋다.

ONE MORE 주변의 다른 맛집

신설오름 몸국, 돔베고기

제주시 고마로17길 2 064-758-0143,

남원바당 돔베고기, 멜조림, 한치물회, 자리물회

제주시 천수로8길 7 064-755-3388

일통이반

seafood

제주시 중앙로2길 25 064-752-1028 12:00~24:00(둘째·넷째 화요일 휴무)

모듬해산물(문어숙회, 소라회, 돌멍게, 보말죽), 성게알, 전복구이, 해물탕 ₩ 30,000원~60,000원(1~2인 기준)

골목, 탑동해변공연장 주차장, 이마트 노상 주차장 포장주문 가능, 제주도 '해남' 1호가 운영하는 식당

해녀 말고 '해남'이 운영하는 식당

싱싱한 해산물을 먹고 싶다면 일통이반이 '정답'이다. 제주도 '해남' 1호가 운영하는 식당이다. 해녀가 운영하는 식당은 많지만, 해남이 사장인 맛집은 거의 없다. 조선 시대까지는 보통은 남자가 물질을 더 많이 했다고 한다. 하지만 일제강점기 징용과 한국전쟁, 4.3사건 등으로 남성 인구가 줄어들자 물질은 자연스레 대부분 여자들 차지가 됐다. 일통이반은 몇 해 전 오세득 셰프가 방송에 나와 추천하면서 유명해졌다. 이 집 해산물은 대부분 직접 잡고 채취한 자연산이다. 모듬해산물을 시키면 한꺼번에 여러가지 음식을 맛볼 수 있어서 좋다. 문어숙회, 소라회, 돌멍게가 차례로 나온다. 문어숙회는 부드럽고, 소라회는 찰지다. 그리고 돌멍게는 싱싱하고 달콤쌉싸름하다. 여기에 수심 15m 안팎에서 사는 왕보말로 만든 보말죽을 시켜 성게알을 올려 함께 먹으면 금상첨화이다. 단품 메뉴로는 생선회, 전복회, 고등어구이, 해물탕 등이 있다.

ONE MORE 주변의 다른 맛집

미친부엌 크림짬뽕, 고등어초회, 치킨가라아게

제주시 탑동로 15 064-721-6382

자매국수 고기국수, 비빔국수

제주시 탑동로11길 6 064-746-2222

청도

seafood

제주시 서해안로 546 064-713-8881 매일 09:00~22:00
전복뚝배기, 해물탕, 문어뚝배기 ₩15,000원~60,000원(1인 기준)
식당 주차장 이용 통갈치구이, 통갈치조림, 고등어구이 메뉴도 있다

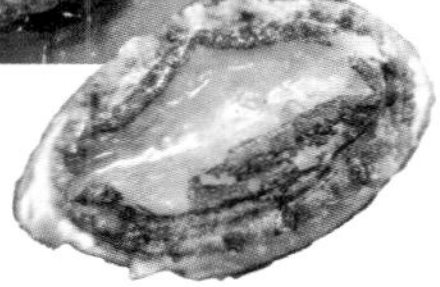

바닷가 옆 해물탕 맛집

제주공항에서 가장 가까운 용담해안도로 옆에 있다. 해물탕 맛집으로 유명한데, 푸짐한 양과 깊은 국물 맛이 인상적이다. 해물탕 냄비에 콩나물과 조개, 딱새우, 꽃게, 전복, 키조개, 미나리까지 넣고 보글보글 끓여 내온다. 냄비에 가득하지만 뭔가 '5%' 부족하다고 느낄 즈음 살아있는 제주산 돌문어를 넣어준다. 문어는 이 집 해물탕에 정점을 찍어준다. 지금부터는 다양한 해산물을 하나하나 즐길 차례다. 다양한 재료의 식감과 시원한 국물까지 빠짐없이 음미해 보자. 싱싱한 해산물에 밥 한 숟갈, 옥돔 한 점에 밥 한 숟갈, 간장게장에 비벼서 밥 한 숟갈……. 공기밥 하나로는 모자랄 지경이다. 이럴 땐 라면 사리를 추가로 주문하자. 일행이 적거나 나 홀로 여행객이라 해물탕이 조금 부담스럽다면 전복뚝배기나 문어뚝배기를 시켜도 충분하다. 뚝배기를 주문하면 간장게장도 나온다.

ONE MORE 주변의 다른 맛집

김희선제주몸국 몸국, 고사리육개장, 성게미역국
제주시 어영길 45-6 064-745-0047

자매국수 고기국수, 비빔국수
제주시 탑동로11길 6 064-746-2222

순옥이네명가

seafood

제주시 도공로 8 064-743-4813 09:00~21:00(브레이크타임 15:30~17:00, 주문 마감 20:30, 2·4주 화 휴무)
전복죽, 전복물회, 전복뚝배기, 성게미역국 ₩ 11,000원~25,000원(1인 기준)
길가, 근처 공영주차장 단체석 있음, 포장 가능 @soonok_jeju

가성비 끝판왕 전복 요리

순옥이네명가는 제주도에서 전복이 가장 푸짐하게 나오는 곳이다. 여사장님이 해녀이고 남편은 전복 전문 도소매상을 하고 있기에 가능한 일이다. 전복죽과 전복물회가 맛있기로 유명한데, 전복뚝배기와 성게미역국, 한치물회도 뒤지지 않는다. 전복물회는 '전복물회'와 순옥이네물회, 이렇게 두 종류가 있다. 전복물회는 전복 3개와 해삼이 들어가고, 순옥이네물회는 전복 2개와 소라 그리고 해삼이 들어간다. 가격이 같으므로 취향대로 고르면 된다. 살얼음이 뜬 새콤달콤한 양념 국물에 신선한 전복회가 듬뿍 들어가 있다. 오도독 씹히는 식감과 특유의 바다 내음이 식욕을 돋운다. 밥은 게우밥전복내장밥과 흰쌀밥 중 선택할 수 있다. 또똣한따뜻한 전복죽도 추천한다. 전복과 내장이 듬뿍 들어가 영양가도 높다. 순옥이네명가는 제주공항에서 가까워 여행을 시작하거나 마무리하는 사람들로 붐빈다. 식사 시간을 피해 방문하는 지혜가 필요하다.

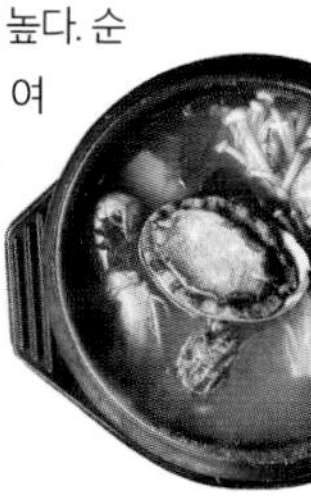

ONE MORE 주변의 다른 맛집

청도 해물탕, 문어뚝배기, 전복뚝배기
제주시 서해안로 546 064-713-8881

김희선제주몸국 몸국, 고사리육개장, 성게미역국
제주시 어영길 45-6 064-745-0047

동이트는집

chueatang

⊙ 제주시 신산로 71 ☏ 064-758-2309 ◷ 09:30~20:00(브레이크타임 14:30~17:00, 일요일은 14:30까지)

Ⓜ 추어탕 ₩ 11,000원(1인 기준)

🚗 식당 앞 대로변(점심시간 단속 없음), 골목 주차 ⓘ 예약 가능

제주시의 추어탕 명가

추어탕 한 가지 메뉴만 고집하는 추어탕 명가이다. 동이트는집에서는 남도식 추어탕을 맛볼 수 있다. 미꾸라지를 삶아 곱게 갈고 여기에 들깨즙을 푼 뒤 무청 시래기와 된장을 넣어 끓인다. 추어탕 맛이 깊고 담백하면서도 구수하다. 동이트는집은 여행자보다 제주도민들이 더 많이 찾는 현지인 맛집이다. 추어탕을 주문하면 예쁜 옹기그릇에 맛깔스러운 기본 반찬이 먼저 차려진다. 갓 버무려 낸 양념게장부터 신선함이 그대로 살아있는 쌈용 채소, 추어탕에 잘 어울리는 깍두기까지 추임새 반찬으로 손색이 없다. 반찬이 맛있어 추어탕이 나오기 전 공깃밥 반을 비우기 일쑤다. 조금 있으면 주인공인 추어탕이 나온다. 제피가루와 부추를 취향대로 넣고 한입 떠먹으면 속이 다 풀리는 듯하다. 저절로 수저질이 분주해진다. 제주 여행길에 건강을 챙기고 싶다면 동이트는집으로 가자.

ONE MORE 주변의 다른 맛집

국수마당 본점 고기국수, 비빔국수, 돔베고기

⊙ 제주시 삼성로 65 ☏ 064-727-6001

은희네해장국 소고기해장국, 내장탕

⊙ 제주시 고마로 13길 8 ☏ 064-726-5622

신설오름 몸국, 돔베고기

⊙ 제주시 고마로17길 2 ☏ 064-758-0143

미친부엌

izakaya

제주시 탑동로 15 064-721-6382 17:00~24:00(주문 마감 23:00, 연중휴무)
크림짬뽕, 모듬사시미, 고등어초회, 치킨가라아게 ₩ 30,000원~50,000원(1인 기준)
탑동해변공연장 옆 주차장 예약 불가, 반려동물 동반 불가 @mechinkitchen

줄 서서 기다리는 이자카야

아라리오뮤지엄 탑동시네마 맞은편에 있는 이자카야이다. 제주에서 가장 인기가 많은 이자카야 가운데 한곳이다. 동행과 어울려도 좋고, 바 테이블에 앉아 혼밥과 혼술을 하며 '고독한 미식가'가 되어도 좋다. 미친부엌의 인기 메뉴는 '고독한 미식가 세트'이다. 제주의 싱싱한 회, 크림짬뽕, 맥주를 부르는 치킨가라아게가 세트 메뉴에 포함되어 있다. 크림짬뽕은 가장 많은 사람이 찾는 시그니처 메뉴이다. 크림짬뽕뿐 아니라 고등어초회, 치킨가라아게, 새우깡에 대한 이용자들의 음식 평도 좋다. 오픈 키친이라 주방과 조리하는 셰프들을 구경하는 재미가 쏠쏠하다. 인기가 많은 맛집이 그렇듯 30분 정도 기다리는 것은 각오해야 한다. 원래 새벽까지 영업하지만, 코로나 유행 기간엔 방역 지침에 따라 영업시간이 변동된다. 자동차는 탑동해변공연장 옆 주차장에 세우면 된다. 예약은 받지 않는다.

ONE MORE 주변의 다른 맛집

일통이반 보말죽, 문어숙회, 성게알, 돌멍게
제주시 중앙로2길 25 064-752-1028

자매국수 고기국수, 비빔국수
제주시 탑동로11길 6 064-746-2222

오오치

izakaya

제주시 박성내동길 25 0507-1491-3881 18:00~24:00(수요일·첫째와 셋째 화요일 휴무)
사시미, 스시, 삼마우동, 나폴리탄 스파게티 ₩ 30,000~50,000(1인 기준)
가게 옆 공영주차장 신상 핫플레이스로 예약 또는 전화 후 방문하기를 추천한다.
스시 단품 주문 가능, 메뉴는 계절 또는 때때로 리뉴얼한다. @sakaba_yyy

요즘 뜨는 신상 퓨전 이자카야

제주의 서래마을로 통하는 이도 택지지구에 있다. 간판에는 'yyy'라고 적혀 있다. 몽골어로 '오오치'라고 읽는다. '너그러운', '관대한'이라는 뜻이다. 식당 이름은 몽골어이지만 사실은 화이트톤의 감각적이고 모던한 퓨전 일식 주점이다. 신상 맛집으로 현지인과 여행자들에게 입소문을 타기 시작했다. 사시미 모리아와세모둠 사시미를 비롯하여 초밥, 덮밥, 단품 안주, 중화요리, 경양식 등 요리 종류가 다채롭다. 바에 앉아서 셰프가 만들어주는 사시미와 스시를 깔끔한 화이트 와인과 즐겨보길 추천한다. 음식 맛에 한 번, 와인에 한 번 그리고 분위기에 또 한 번 취한다. 이것 말고도 요리와 술을 다양하게 조합할 수 있으므로, 추천을 받아 선택하면 좋겠다. 식사 겸 술 한 잔 마시는 것도 좋고, 가볍게 2차로 찾아도 괜찮은 이자카야이다. 분위기 좋은 곳에서 술과 음식을 즐기다 보면 제주의 푸른 밤이 행복하게 깊어갈 것이다.

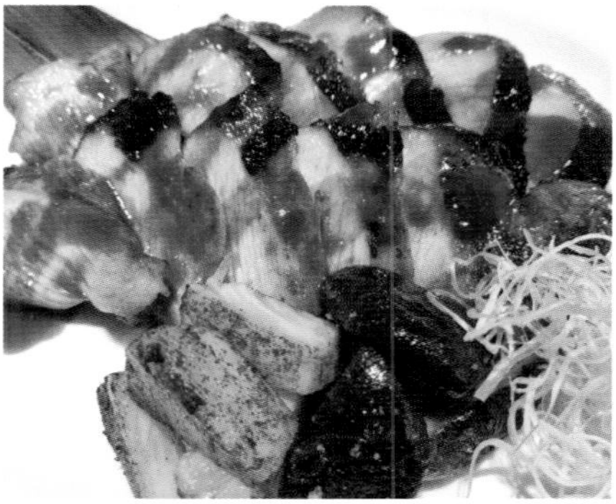

ONE MORE 주변의 다른 맛집

스시테이 오마카세본점 스시 오마카세

제주시 신설로6길 2-11 064-756-1626

더스푼 파스타, 스테이크, 코스 요리

제주시 구남동1길 45 0507-1404-1324

스시테이 오마카세

sushi

제주시 신설로6길 2-11 064-756-1626
디너 1부 17:30~19:00, 디너 2부 19:30~21:00(일요일 휴무)
주방장 특선 ₩79,000원(1인 기준)
바로 옆 공영주차장 및 길가 점심 영업은 하지 않음

아라동의 오마카세 전문점

아라2동 잘 정리된 조용하고 깨끗한 주택가에 있는 오마카세 전문점이다. 오마카세는 우리말로 '주방장 특선'이라는 뜻이다. 쉽게 말해 메뉴판을 보고 초밥을 주문하는 게 아니라 주방장에게 메뉴를 맡기는 걸 말한다. 그날 재료에 따라 주방장이 선별하여 내놓는다. 그렇지만 내놓는 생선과 음식 순서는 대체로 정해져 있다. 스시테이의 주방장 특선도 이와 비슷하다.

스시테이 주방장은 신라호텔에서 13년 동안 근무한 경력이 있다. 그래서일까? 오픈한 지 몇 년 되지 않았는데 제법 단골이 많더니, 이제는 여행자들도 소문을 듣고 찾아온다. 가심비 초밥 전문점이지만, 가성비도 좋다는 평을 많이 받는다. 셰프와 마주 보며 가끔은 대화도 나누고, 음식 설명도 들으면서 조금 더 깊이 있는 식사를 즐길 수 있다. 자완무시일본식 달걀찜, 전복찜, 광어회, 삼치다타키, 도미초밥, 참치대뱃살초밥, 고등어봉초밥, 삼치, 참치성게밥, 문어튀김, 전갱이 초밥, 소바 등이 차례로 나온다. 후식으로는 양갱이 나온다. 예약 필수이며, 도남동에 해산물덮밥, 우니동 등을 파는 카이센동 전문점도 있다.

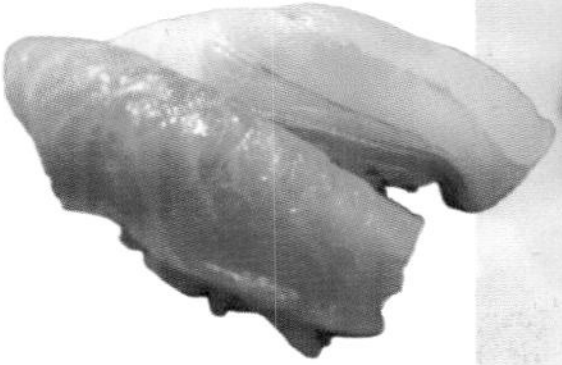

ONE MORE 주변의 다른 맛집

스시테이 카이센동2호점 카이센동, 우니동
제주시 연북로 440 064-727-7272

갓포제호 고급 이자카야
제주시 구남동6길 23 064-723-3678

더스푼 파스타, 스테이크, 코스 요리
제주시 구남동1길 45 0507-1404-1324

스시렌

sushi

제주시 원노형10길 36 064-746-3636 18:00~21:00(일요일 휴무)
오마카세 ₩ 100,000원(1인 기준) 길가 또는 북쪽 방면 공영주차장
전화 또는 캐치테이블 앱으로 예약, 그 밖의 정보는 인스타그램 확인 @ren_donghwa

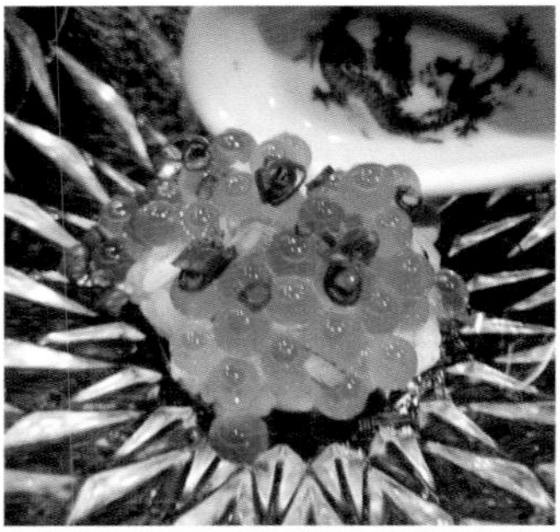

가성비, 가심비 둘 다 좋은 오마카세

여행자의 미식에 대한 기호가 다양해지면서 제주에서도 오마카세 맛집이 많이 생겼다. 노형동의 스시렌도 이 가운데 하나이다. 스시렌의 셰프는 어부들만큼이나 날씨 걱정을 한다. 매일 아침 바다 날씨를 확인하고는 동문시장으로 달려간다. 그날 잡힌 신선한 재료를 찾아 나서는 것이다. 성게, 전복, 한치, 방어, 고등어 등 유명한 제주의 식재료부터 달고기, 보리새우, 장대 같은 생소한 해산물, 그리고 채소까지 초밥 재료로 활용한다. 초밥과 사시미의 종류만 15~17가지이고 그 외 자완무시일본식 계란찜, 우동, 후토마끼 등을 합하면 20가지가 넘는다.

셰프는 간단한 설명과 함께 요리를 내어준다. 온갖 수식어를 동원하여 설명하기보다, 재료와 식감, 조리법을 간단하지만 친절하게 설명해준다. 정성이 담긴 설명을 듣고 먹으니 음식 맛이 더 깊어지는 듯하다. 다른 오마카세 맛집이 그렇듯 스시렌도 계절에 따라 메뉴를 조금씩 바꾼다. 스시렌은 술도 다양하게 갖추고 있다. "비싼 술보다 요리에 어울리는 술을 권한다."는 셰프의 원칙이 반갑고 믿음이 간다. 잔술도 판매한다.

ONE MORE 주변의 다른 맛집

낭푼밥상 몸국, 고사리육개장정식
제주시 연동6길 28 064-799-0005

순창갈비 안창살, 곱창구이, 곱창전골
제주시 신광로4길 11 064-742-6440

마라도횟집 대방어, 생선회
제주시 신광로8길 3 064-746-2286

스시앤

sushi

제주시 고산동산5길 21-1 064-726-9696

12:00~22:00(브레이크타임 15:00~18:00, 부정기 수요일 휴무) 오마카세

₩ 점심 오마카세 70,000원, 저녁 오마카세 120,000원(솥밥 포함 150,000원) 길가 주차 예약 필수

신선한 초밥과 사시미 즐기기

제주시 이도2동 주택가에 있는 예약제 오마카세 전문점이다. 카운터 의자는 모두 9개이다. 셰프 한 사람이 보통 두 팀을 담당한다. 제주도 청정지역에서 나는 계절 해산물과 식재료로 만들어 초밥과 사시미가 늘 신선하다. 무엇보다 스시의 재료가 다양해서 매력적이다. 전복과 전복내장, 삼치, 돌문어, 보리새우, 북방조개, 참돔, 금태, 옥돔, 방어, 고등어, 참치, 장어, 아귀간……. 멸치튀김과 아귀간김초밥, 성게연어알감태말이는 독특해서 좋고, 저녁 시간에는 조금이지만 자연산 다금바리회도 나와 입을 즐겁게 해준다.

오마카세 맛집이 그렇듯 이곳도 셰프가 음식을 내올 때마다 하나하나 간단하게 설명해준다. 애피타이저부터 후식까지 약 20여 가지가 나온다. 배가 불러 그만 나와도 되겠다 싶지만, 재료가 신선하고 음식이 맛있어서 끝까지 다 먹게 된다. 후식은 오설록녹차아이스크림과 수제댕유자아이스크림 중에서 선택할 수 있다. 둘 다 제주다운 디저트여서 좋다. 댕유자는 '당유자'가 표준말인데 제주도 서귀포에서 나는 재래종 감귤을 말한다. 디너 오마카세에 솥밥을 추가한 메뉴도 선택할 수 있다.

ONE MORE 주변의 다른 맛집

광양해장국집 해장국, 소뼈해장국, 내장탕

제주시 광양13길 25 064-751-1777

갓포제호

izakaya

제주시 구남동6길 23 064-723-3678 12:00~14:30, 18:00~24:00(일요일 휴무)
사시미 모리아와세, 문어튀김, 옥돔구이, 소고기스키야키 ₩ 70,000원~90,000원(1인 기준)
근처 공영주차장 및 길가 영업시간 등 변경사항은 인스타그램에 공지 @kappozeho

제주의 한남동에 있는 고급 이자카야

제주시 이도2동에 있는 갓포 음식점이다. 이도2동은 서울의 평창동이나 한남동 같은 주택가이다. 갓포란 칼과 불을 잘 쓰는 조리기술을 말하는 일본어이다. 조금 풀어서 설명하면 가이세키 요리보다는 자유롭고 이자카야 요리보다는 더 고급스러운 음식을 말한다. 대중적인 이자카야보다 더 고급스러운 이자카야라고 이해하면 크게 틀리지 않을 듯하다. 2019년 오픈하자마자 음식 맛으로 알음알음 소문이 나기 시작했다.

"요리는 기술이 아니다. 정성이고 나의 마음가짐이다." 호텔주방장 출신 사장의 철학이 인상적이다. 정성에 초점을 맞춘 음식 철학이지만 사실은 요리 기술도 좋고 정성도 알차다. 가심비 뛰어난 사시미 모리아와세고급스러운 생선회 모듬의 인기가 제일 좋다. 문어튀김, 옥돔구이, 소고기스키야키도 많은 사람이 찾는다. 특히 문어튀김에 대한 좋은 평가가 많다. 문어튀김은 제주도에서 최고라고 해도 무리는 아닐지 싶다. 이밖에 구이·조림·튀김·냄비 요리도 제법 다양하다. 음식 하나하나가 맛도 훌륭하고 플레이팅도 대체로 만족스럽다.

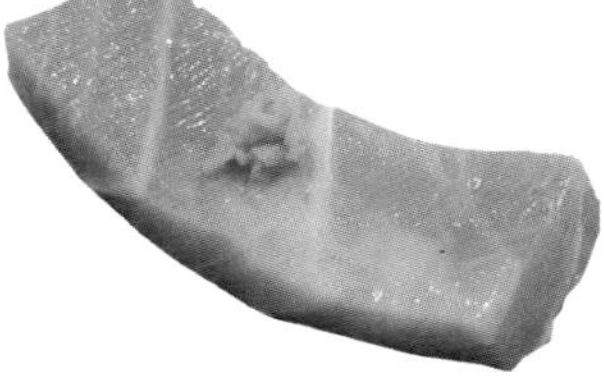

ONE MORE 주변의 다른 맛집

스시테이 오마카세본점 스시 오마카세
제주시 신설로6길 2-11 064-756-1626

더스푼 파스타, 스테이크, 코스 요리
제주시 구남동1길 45 0507-1404-1324

제주서문수산

sushi

제주시 서문로4길 13-2 서문공설시장 064-722-3021
17:00~22:00(화요일 휴무) 일식 코스 요리 ₩ 2인 150,000원, 3인 200,000원, 4인 260,000원)
서문공설시장주차장 예약 필수, 반려동물 동반 불가

제주도민이 추천하는 일식 맛집

제주시 원도심 제주목관아 근처 서문공설시장 안에 있다. 시장과 고급 일식당의 조합이 뭔가 어색해 보인다. 외관을 보면 이곳이 맛집인가 싶기도 하다. 하지만 제주도민이 추천하는 일식 맛집이다. 육지에서 귀한 손님이 오면 제주도 사람들이 모시고 가는 일식당 중 한집이다. 안으로 들어서면 식당 규모에 놀란다. 제주서문수산은 아주 작은 가게이다. 좌식 테이블 3개와 일반 테이블 2개가 전부이다. 일식집이 대부분 그렇듯 계절에 따라 메뉴가 조금 다르지만, 어느 계절에 가도 정성 들여 숙성한 생선회를 즐길 수 있다. 멍게, 문어, 전복, 성게 내장, 더덕즙, 명이나물, 초밥, 생선구이, 꽃게볶음 같은 딸린 메뉴의 품질도 으뜸이다. 음식을 내올 때마다 친절히 설명해주어서 어느 음식이든 조금 더 깊이 즐길 수 있다. 작은 가게이지만 알음알음 알려져 여행자들도 많이 찾아온다. 예약한 손님만 받는다.

ONE MORE 주변의 다른 맛집과 카페

우진해장국 고사리해장국, 몸국
제주시 서사로 11 064-757-3393
리듬 제주시 무근성7길 11 070-7785-9160
순아커피 제주시 관덕로 32-1 010-9102-0120

김희선제주몸국

local food

제주시 어영길 45-6 064-745-0047
07:00~16:00(토요일 15:00까지, 일요일 휴무) 몸국, 고사리육개장, 성게미역국
₩7,000~10,000원(1인 기준) 전용 주차장 포장 가능, 예약 불가

맛이 깊고 담백한 몸국

김희선제주몸국은 가게 이름에서 알 수 있듯이 제주도에서 손꼽히는 몸국 전문 식당이다. 제주공항 북쪽, 용담해안도로에 있어서 여행을 시작할 때, 또는 여행을 마무리할 때 가기에 좋다. 몸국은 모자반으로 만든 국이다. '몸'은 모자반을 이르는 제주어이다. 돼지 사골을 20시간 넘게 푹 고아낸 육수에 모자반을 넣고, 여기에 다시 김치와 미역귀, 메밀가루를 넣고 끓인다. 맛은 담백하면서 시원하고, 깊으면서도 얼큰하다. 처음 먹는 사람도 부담 없이 즐기기 좋다. 몸국은 술 마신 다음 날 해장하기에도 좋다. 웬만한 해장국보다 속을 풀기에 그만이다. 과음한 다음 날을 위해 몸국을 기억해두자. 여럿이 가면 성게미역국과 고사리육개장을 같이 주문해도 좋겠다. 둘다 시원하면서도 맛이 고소하다. 어느 음식이든 가격이 1만 원 안팎이어서 가성비가 남다르다.

ONE MORE 주변의 다른 맛집

순옥이네명가 전복물회, 전복죽, 전복뚝배기
제주시 도공로 8 064-743-4813

청도 해물탕, 문어뚝배기, 전복뚝배기
제주시 서해안로 546 064-713-8881

신설오름

local food

제주시 고마로17길 2 064-758-0143 08:00~04:00(월요일 휴무)
몸국, 돔베고기 ₩ 7,000원~20,000원(1인 기준)
가게 앞, 인제공영주차장(고마로19길 5) 단체석 있음, 포장 가능, 예약 불가

제주의 맛이 그대로 담긴 '몸국' 한 그릇

신설오름은 몸국 전문점이다. 유명한 몸국 식당 중에서 토박이들이 많이 가는 오래된 맛집이다. 구제주의 일도이동 고마로에 자리 잡은 지 벌써 30년이 넘었다. 제주에 몸국 파는 식당이 많은데, 그중에서 신설오름의 몸국이 원래의 맛에 가장 가깝다. 몸국은 모자반으로 만든 제주식 탕국이다. 메밀가루를 풀어 넣어 육수가 더 진하고 걸쭉하다. 톡톡 씹히는 모자반 식감이 참 좋다. 술 마신 다음 날 해장국으로도 일품이다. 몸국을 처음 접해 거부감이 든다면 고춧가루를 취향대로 곁들여 넣으면 맛있게 먹을 수 있다. 이 집 단골들은 몸국을 주문할 때 돔베고기돼지고기 수육를 추가한다. 돔베고기를 몸국에 푹 담가 먹으면 돼지고기 특유의 맛이 한층 살아난다. 신설오름 돔베고기는 지방이 많아 씹을수록 고소하고 부드럽다. 제주 토속음식이 주는 행복감을 누리고 싶다면 신설오름으로 가자.

ONE MORE 주변의 다른 맛집

남원바당 돔베고기, 멜조림, 한치물회, 자리물회
제주시 천수로8길 7 064-755-3388

은희네해장국 소고기해장국, 내장탕
제주시 고마로 13길 8 064-726-5622

풍어회센타 한치회, 전어회, 방어회
제주시 연수중길 15 064-727-0401

남원바당

제주시 천수로8길 064-755-3388 08:30~22:00(월요일 휴무)

돔베고기, 멜조림, 각재기국, 제주식 콩국, 한치물회, 자리물회, 장대국, 고등어국

₩ 9,000~25,000(1인 기준) 가게 앞 주차장, 인제공영주차장

제주 향토 음식 종합선물세트

제주에 이름난 토속음식점이 제법 있지만, 남원바당처럼 다양하고 특색있는 메뉴가 있는 곳은 드물다. 제주에서 손꼽히는 현지인 맛집으로, 이른 아침부터 군침을 돌게 하는 토속음식 냄새가 없던 시장기도 불러온다. 이 집은 서비스 메뉴가 어마어마하다. 기본 반찬으로 돼지고기 산적이 나오고, 2인 이상이라면 노릇노릇한 각재기구이 전갱이구이도 나온다. 돔베고기를 시키면 각재기구이와 항정국돼지고기국도 같이 내준다. 항정국은 제주에서도 쉽게 찾아볼 수 없다. 돼지고기와 배춧잎이 듬뿍 들어있는 데다가 맛이 깔끔하고 시원해 술 한 잔이 절실해진다. 멜조림도 특별하다. 자작하게 졸여 배춧잎에 싸 먹으면, 달큼하고 짭짜름한 게 공깃밥 한 그릇을 금세 비우게 된다. 단골들은 멜조림에 공깃밥을 볶아달라고 주문한다. 우리도 현지인처럼 주문해보자.

ONE MORE 주변의 다른 맛집

신설오름 몸국, 돔베고기

제주시 고마로17길 2 064-758-0143

풍어회센타 한치회, 전어회, 방어회

제주시 연수중길 15 064-727-0401

앞뱅디식당

local food

제주시 선덕로 32 064-744-7942
09:00~21:00(일요일 09:00~14:00, 연중무휴) 멜국, 멜조림, 각재기국
₩ 9,000~25,000원(1인 기준) 전용 주차장 단체석 있음, 예약 가능

바당 머금은 진짜 제주 토종 맛

앞뱅디넓고 평평한 마당식당은 맛 깊은 각재기국, 멜국 등으로 유명한 토속음식점이다. 각재기는 전갱이, 멜은 멸치의 제주어이다. 전갱이나 멸치는 작지만 기름이 많은 생선이다. 배추를 비롯한 채소를 듬뿍 넣어 맑게 끓여낸다. 담백하면서 고소하다. 매콤한 국물을 한술 떠먹으면 속이 확 풀린다. 제주 청방배추병균에 강한 배추의 한 품종에서 우러난 단맛과 된장의 구수한 맛이 잘 어우러진 덕이다. 멸치를 넣어 끓인 멜국도 이 식당의 대표 메뉴다. 멜국도 멸치와 청방배추를 기본으로 한다. 양념은 최소화해 담백하고 고소한 맛이 일품이다. 생멸치가 청방배추의 단맛과 다진 마늘 같은 양념과 어울려 달고 시원한 맛으로 재탄생한다. 제주의 토속음식은 육지처럼 화려하지 않다. 하지만 신선한 재료의 맛을 그대로 살린 담백하고 순수한 토속음식은 제주도의 또 다른 보석이다.

ONE MORE 주변의 다른 맛집

추자본섬 연동점 삼치회, 고등어회, 광어회, 방어회
제주시 선덕로 14 064-747-1115
마라도횟집 대방어, 생선회
제주시 신광로8길 3 064-746-2286

낭푼밥상

local food

제주시 연동6길 28 064-799-0005 10:30~22:00(브레이크타임 15:00~16:30, 수 휴무)
몸국, 고사리육개장 ₩ 10,000원(1인 기준) 식당 앞, 주변 골목
단체석 있음, 포장과 예약 가능 @nangpoonbabsang

향토 음식 명인이 선보이는 제주 밥상

낭푼밥상은 옛 제주의 일상식을 맛볼 수 있는 곳이다. 낭푼은 낭나무과 아가리가 넓고 밑이 좁은 푼주의 합성어다. 쉽게 말해 큼지막한 나무 그릇을 일컫는다. 낭푼에 보리밥을 가득 담고 사람 숫자대로 국과 수저만 올려놓고 먹었던 식사를 낭푼밥상이라 불렀다. 김지순 제1호 제주향토음식명인과 아들인 양용진 제주향토음식보전연구원장이 제주의 삶이 담긴 옛 밥상을 깔끔하고 정갈하게 재연해 내어준다. 해초를 섞은 보리밥과 채소 된장국과 멜젓멸치젓, 신선한 채소와 나물 반찬, 깔끔한 김치가 식욕을 돋운다. 때마침 제주를 상징하는 탕국인 몸국이 등장했다. 낭푼밥상의 몸국은 좀 더 제주의 옛맛에 가깝다. 메밀가루를 풀어 육수가 진득하다. 고사리를 흐물흐물해질 때까지 푹 끓여낸 고사리육개장도 제주의 토속음식이다. 제주의 삶과 문화가 깃든 음식을 먹으며 이 아름다운 섬의 내면으로 한 걸음 더 들어가 보자.

ONE MORE 주변의 다른 맛집

숙성도 노형본관 교차숙성흑돼지
제주시 원노형로 41 064-711-5212

순창갈비 안창살, 곱창구이, 양곰탕
제주시 신광로4길 11 064-742-6440

마라도횟집 방어회, 참치회, 고등어회
제주시 신광로8길 3 064-746-2286

더스푼

italian food

제주시 구남동1길 45 064-725-1324 12:00~22:00(브레이크타임 14:30~18:00, 월·화 휴무)
디너코스, 성게어란파스타, 명란타르트, 양갈비스테이크 ₩ 30,000원~100,000(1인 기준)
식당 주변 골목 주차 예약은 전화와 캐치테이블 앱으로 할 수 있다. @thespoonjeju

제주의 가로수길에 있는 이탈리안 레스토랑

아라동에 있는 이탈리안 레스토랑이다. 제주에서 가장 유명한 이탈리안 음식점으로, 단품 요리와 코스요리를 즐길 수 있다. 더스푼이 자리를 잡은 아라 택지 지구는 제주시의 삼청동 혹은 가로수길로 불리는 곳이다. 주택가이거나 낮은 건물이 많아 동네가 조용하다. 고급 음식점이 제법 들어와 있다. 더스푼은 외관이 퍽 인상적이다. 기둥에 설치한 스푼 조형물과 액자처럼 생긴 간판이 눈길을 끈다. 갈색 우드와 그윽한 조명이 조화를 이루는 인테리어는 유럽의 레스토랑을 연상시킨다. 한치와 관자를 이용한 샐러드, 제주 돌문어 샐러드, 성게를 이용한 어란 파스타, 고등어와 흑돼지를 이용한 요리 등 제주도의 특색을 살린 메뉴가 많다. 청담동 뚜또베네 수석 셰프를 지낸 박기쁨 씨가 주인이다. 종종 셰프가 직접 음식을 설명해주기도 한다. 예약 가능 인원은 1~4명이며, 14세 이상만 입장할 수 있다. 손님이 술을 가져오면 콜키지로 4만 원을 받는다.

ONE MORE **주변의 다른 맛집**

스시테이 오마카세본점 주방장 특선

제주시 신설로6길 2-11 064-756-1626

오오치 사시미, 스시

제주시 박성내동길 25 0507-1491-3881

도르다이닝

italian food

제주시 인다2길 65 064-725-1324 12:00~21:30(브레이크타임 14:30~17:30, 일 휴무)
런치 코스, 디너 코스, 문어파스타, 비프타르트 ₩20,000원~60,000(1인 기준) 가게 옆 공영주차장
코스요리는 하루 전 예약, 불시 휴무 등은 인스타에 공지 @dordining

아라동의 유러피안 레스토랑

제주대병원 남쪽 아라동의 조용한 주택가에 있다. 신규 주택지인 아라동엔 요즘 뜨는 맛집이 많이 몰려 있다. 도르다이닝도 그런 곳 중 하나이다. 제주도 식재료를 이용한 유러피안 다이닝 레스토랑이다. 분위기는 포근하고 아늑하다. 테이블은 많지 않지만, 그래서 오히려 정성을 다한 요리를 맛볼 수 있다. 런치 코스, 디너 코스, 단품 요리 무엇이든 즐길 수 있다. 단품 요리 중에선 문어파스타, 비프타르트, 관자 요리, 버섯스테이크리소토 등이 인기 메뉴이다. 음식은 무엇이든 수준급이다. 스테이크의 굽기 정도가 알맞다는 평이 많다. 제주에서만 먹을 수 있는 옥돔 오일 파스타, 새우·한치·조개·찰보리를 넣은 해산물 파에야 등은 맛도 훌륭하지만, 무엇보다 창의성이 돋보이는 음식이다. 자색고구마를 사용한 퓌레도 맛있다. 디저트로 케이크가 나오는데, 대추야자를 사용해 정말 맛있다. 메뉴 하나하나 셰프가 간단하게 설명해준다. 도르다이닝은 입과 눈, 둘 다 즐겁게 해준다. 아기 의자를 준비해놓고 있으며, 가게 바로 옆에 무료 공영주차장이 있어서 주차하기도 편하다. 아라동아이파크에서 가깝다.

ONE MORE 주변의 다른 맛집

쿠쿠아림 돈가스, 크림돈가스, 파스타

제주시 아란4길 93 064-751-6645

아란치니

위트레이즌

italian food

제주시 신성로 82-8 010-5233-3447 12:00~22:00(브레이크타임 14:30~17:30, 수요일 휴무)
런치코스, 디너코스, 디너 단품 ₩ 런치 5만 원 안팎, 디너 7만 원 안팎 인근 골목 주차
예약 필수. 예약은 캐치테이블 어플 또는 인스타그램 DM으로. 주차하기 힘든 주택가이니 참고하자
@witraisin.soho

창의성이 빛나는 음식과 맛있는 와인

위트레이즌은 '재미있는 와인'이라는 뜻이다. 사실 와인보다 이곳의 메인 셰프가 더 재밌다. 재치있는 유머를 조미료처럼 섞어 요리를 친절하게 설명해준다. 세계 각국의 요리를 다양하게 선보이는데, 콘셉트가 없는 것이 콘셉트이고, 딱히 정해진 메뉴가 없는 것이 이 레스토랑의 매력이다. 계절 따라, 날씨 따라 그리고 그날의 분위기에 따라 새로운 요리가 나온다.

요리 하나하나에 셰프의 창의력과 재치가 담겨있다. 식전 빵과 함께 나오는 우메보시버터는 고소하면서도 맛이 깔끔하다. 겨울에는 싱싱한 삼배체 굴성장이 빠르고 산란하지 않는 굴과 자몽 소스를 콜라보한 메뉴를 내놓는데, 상큼 달큼하고 시원한 바다 향이 입안을 가득 채운다. 문어아보카도, 파스타의 일종인 아마트리치아나, 이탈리아의 감자 음식 뇨키, 타르타르 등 다양한 요리를 매번 재료와 모양을 조금씩 달리하여 내준다. 스테이크는 오리, 이베리코, 소고기 세 가지 종류가 있다. 소스인 퓨레를 다양하게 바꾸어 가며 예쁘게 담아준다. 무엇보다 음식에 어울리는 와인을 추천해주고 페어링도 가능해 좋다. 위트레이즌의 오늘의 메뉴는 나도 모르고, 셰프도 모른다. 그래서 더 기대되는 곳이다.

ONE MORE **주변의 다른 맛집**

스시앤 스시 오마카세

제주시 고산동산5길 21-1 064-726-9696

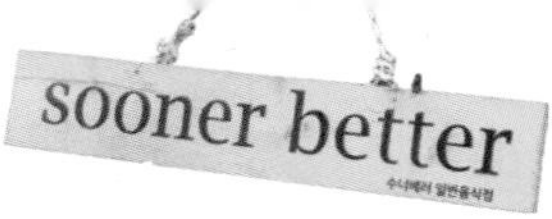

수너베러Sooner Better

italian food

제주시 천수동로2길 29 064-900-3088 매일 12:00~21:30(브레이크타임 15:00~17:00, 수 휴무)

라자냐, 리코타치즈샐러드, 올리브오일파스타, 버섯크림리소토 ₩ 17,000원(1인 기준)

식당 주변 골목에 주차 예약 가능 @sooner.better

음식, 분위기 다 좋은 라자냐 맛집

수너베러는 라자냐 전문점이다. 라자냐lasagna는 이탈리아 북부에서 유래한 파스타의 일종이다. 라자냐는 보통 넓고 얇은 직사각형 파스타면 위에 다진 고기와 토마토 등으로 만든 미트 소스를 올리고 이를 겹겹이 쌓은 다음 오븐에 구워 내온다. 라자냐 맛을 좌지우지하는 중요하고 기본이 되는 것은 라구ragu라 불리는 미트 소스다. 제대로 된 라구 소스가 있어야 맛있는 라자냐를 만들 수 있다는 의미다. 수너배러의 라구 소스는 소고기의 진한 풍미와 함께 무겁지도 가볍지도 않은 산뜻한 맛을 동시에 품고 있다. 여기에 버터와 데운 우유를 넣은 베샤멜 소스, 그리고 다진 시금치가 라자냐 면과 층층이 쌓여 완벽한 맛을 낸다. 라자냐의 한쪽 단면을 자르면 뿜어져 나오는 기분 좋은 열기와 풍미를 먼저 음미하자. 그리고 입안에서 부서지며 뒤섞이는 소스들을 즐기다 보면 입안에서 축제가 벌어진다. 여기에 라자냐와 궁합이 좋은 리코타치즈샐러드를 더하면 더 좋다. 파스타, 리소토, 스테이크 메뉴도 하나같이 훌륭하다. 음식, 분위기 그리고 서비스와 청결까지 무엇 하나 부족한 게 없다.

ONE MORE 주변의 다른 맛집

신설오름 몸국, 돔베고기
제주시 고마로17길 2 064-758-0143

은희네해장국 소고기해장국, 내장탕
제주시 고마로 13길 8 064-726-5622

남원바당 돔베고기, 멜조림, 한치물회, 자리물회
제주시 천수로8길 7 064-755-3388

풍어회센타 한치회, 전어회, 방어회
제주시 연수중길 15 064-727-0401

연우네

home style

제주시 은수길 110 064-712-5646

매일 11:00~21:00(브레이크타임 15:00~16:00, 명절 휴무)

수옹정식, 연우네정식, 녹차들깨수제비. 야채비빔밥, 감자전

₩ 8,000~13,000원(1인 기준, 정식 메뉴는 2인부터 주문 가능)

전용 주차장 단체석 있음, 포장과 예약 가능

제주에서 만난 건강한 자연 식탁

한라수목원 입구에 있는 자연 건강 음식점이다. 화학조미료를 사용하지 않고 제주산 농산물로 재료의 맛을 그대로 살린다. 건강하면서 맛도 좋아 도민과 관광객들의 사랑을 듬뿍 받고 있다. 녹차들깨수제비는 고소하고 담백하다. 도토리묵무침은 도토리의 풍미가 잘 살아있다. 바삭하고 찰진 부추전도 인기 메뉴다. 좁쌀을 섞은 밥에 7가지 나물을 버무린 야채비빔밥과 찹쌀들깨옹심이도 빼놓을 수 없는 메뉴다. 2인 이상 방문했다면 수제비와 옹심이가 포함된 수옹정식을 추천한다. 수옹정식에는 부추전과 도토리묵무침이 포함되어 있어 가성비가 무척 좋다. 메뉴 대부분이 채식 식단이어서 비건도 음식을 고르기에 편하다. 식사 전후로는 따뜻하게 우려놓은 메밀차로 속을 달래자. 장아찌를 비롯한 반찬과 샐러드 소스를 따로 구매할 수 있다.

TRAVEL TIP 주변의 핫플과 카페

한라수목원 제주시 수목원길 72 064-710-7575

수목원길야시장 제주시 은수길 65 064-742-3700

그러므로 Part2 제주시 수목원길 16-14 070-8844-2984

제주시새우리 제주점

gimbap

◎ 제주시 무근성7길 24 ☏ 064-900-2527 ◷ 매일 09:00~20:00(재료 소진 시 마감)
Ⓜ 딱새우김밥, 새우꼬막무침, 양념새우컵밥 ₩ 6,500원~8,500원(1인 기준)
🚗 식당 주변 ⓘ 포장과 예약 가능(4시 이후 픽업 건은 전화로 예약) 📷 @sewooori_jeju

제주 오면 꼭 맛봐야 할 딱새우김밥

여행자들 사이에서 김밥 맛집으로 인기가 급상승 중인 곳이다. 원도심 제주목관아에서 가깝다. 김, 햄, 채소, 달걀지단, 단무지……김밥은 다양한 재료가 조화를 이루는 간식이다. 어묵, 라면, 떡볶이 같은 국물 분식과 궁합도 좋다. 이동하거나 야외에서도 간편하게 먹을 수 있으니 분식의 왕이라 부를 만하다. 그래서일까 어느 지역이나 김밥 맛집이 존재한다. 제주에도 갈치, 흑돼지, 전복 등 제주의 식재료들을 활용한 개성 있는 김밥집이 많다. 그 중에서 제주시새우리는 딱새우김밥의 선두주자다. 건강한 재료들을 듬뿍 넣어 한 끼 식사로도 손색이 없다. 딱새우김밥과 잘 어울리는 새우꼬막무침과 함께 먹으면 더욱 맛있다. 양념 새우와 간장 새우를 넣은 컵밥과 딱새우 모듬튀김 그리고 김밥과 같이 먹기 좋은 성게미역국까지 사이드 메뉴들도 다양하다. 피크닉을 즐길 수 있게 예쁘게 포장도 해준다.

ONE MORE 주변의 다른 맛집과 카페

자매국수 고기국수, 비빔국수
◎ 제주시 탑동로11길 6 ☏ 064-746-2222

우진해장국 고사리해장국, 몸국
◎ 제주시 서사로 11 ☏ 064-757-3393

리듬 ◎ 제주시 무근성7길 11 ☏ 070-7785-9160

순아커피 ◎ 제주시 관덕로 32-1 ☏ 010-9102-0120

제주김만복 본점

gimbap

제주시 오라로 41 064-759-8582 매일 08:00~20:30
만복이네김밥, 통전복주먹밥, 성게미역국 ₩ 6,000원~11,000원(1인 기준)
전용 주차장 포장과 배달 가능 @jeju_kimmanbok

담백하고 깔끔한 전복 김밥

오라동 제주종합경기장 근처에 있다. 제주김만복은 전복 김밥으로 유명세를 얻었다. 서귀포의 오는정김밥, 제주시 삼도이동의 제주시새우리, 함덕의 해녀김밥과 더불어 제주도에서 가장 인기가 많은 김밥 가게이다. 메뉴는 무척 다양하다. 대표 메뉴인 통전복주먹밥을 비롯하여 만복이네김밥, 뚝배기전복밥, 뚝배기전복죽, 새우주먹밥, 해물라면, 통전복우동, 오징어무침 등이 있다. 댕귤차, 댕귤에이드도 판매한다. 점포 안에 테이블이 제법 많으나, 테이크아웃을 하는 손님이 더 많다. 음식 맛은 대체로 담백하고 깔끔하다. 호불호가 별로 없는 맛이다. 제주시 삼도2동, 서귀포시 강정동, 상산일출봉, 애월읍 애월해안로, 조천읍 함덕해수욕장 등에 지점을 냈을 만큼 성업 중이다. 포장주문은 전화 또는 매장의 키오스크로 하면 된다.

TRAVEL TIP **주변의 명소와 카페**

제주시민속오일시장 장날은 끝자리 2, 7일
제주시 오일장서길 26 064-743-5985

돌카롱 제주공항점
제주시 서광로2길 27-2 0507-1300-5261

SPECIAL TIP

제주시 해장국 열전

우진해장국

제주시 서사로 11 064-757-3393
매일 06:00~22:00
고사리육개장, 몸국, 사골육개장, 녹두전
₩ 10,000원~15,000원(1인 기준)
가게 앞 공영주차장 냉동 고사리해장국을 판매한다. 웨이팅은 기본이다.

별미 중의 별미, 고사리해장국

제주에서 제일 핫한 해장국집이다. 로컬 맛집이었으나 <수요미식회>에 나온 뒤 여행객의 '먹킷리스트' 상위를 차지하게 되었다. 이 집 해장국은 엄밀히 말하면 고사리 육개장인데, 육지의 육개장에 고사리를 많이 넣은 음식쯤으로 생각하면 큰 오산이다. 고사리와 메밀가루, 고기 육수만으로 맛을 낸 간결하지만 깊은 풍미가 살아있는 해장국이다. 실타래처럼 얽힌 고사리 사이사이에 진한 고기 육수가 스며들면 세상 이런 별미가 없다. 식도부터 위까지 코팅되는 느낌이랄까. 저녁이라면 녹두전도 추천한다. 막걸리 안주로 그만이다.

은희네해장국

제주시 고마로 13길 8
064-726-5622 06:00~15:00
(토, 일은 14:00까지, 둘째·넷째 목요일 휴무)
소고기해장국, 내장탕 ₩ 8,000원~10,000원(1인 기준)
가게 앞 및 주변 골목

둘째가라면 서러운

우진해장국, 광양해장국과 더불어 선두를 다툰다. 본점은 일도2동에 있다. 점심시간엔 차례를 기다려야 한다. 내장탕과 소고기해장국 중에서, 소고기해장국 인기가 더 많다. 푹푹 고아낸 육수에 선지와 소고기, 파나물, 당면, 고추, 콩나물, 양념장을 넣어 내온다. 다진 마늘은 기호에 따라 넣으면 된다. 이 집 해장국은 모든 재료가 어우러져 맛이 깊고 시원하다. 제주시 노형동원노형로 40, 064-711-5820과 외도1동, 성산과 서귀포에 지점이 있다.

광양해장국집

제주시 광양13길 25 064-751-1777
06:00~15:00(월요일 휴무)
해장국, 소뼈해장국, 내장탕
₩ 10,000원(1인 기준)
전용 주차장

제주시청 공무원이 인정하는

제주시청 뒤편에 있다. 해장국 식당치고는 깔끔하고 단정하다. 제주시에는 유난히 해장국집이 많다. 이 집은 시청 공무원들이 인정하는 해장국 식당이다. 어디가 더 맛있다고 손들어 주기 힘들 정도로 우진해장국, 은희네해장국과 용호상박이다. 소고기와 선지, 우거지와 콩나물이 들어가는 것은 다른 집과 같지만, 맛은 단연 넘사벽이다. 해장국과 내장탕이 유명하다. 고추기름 주문하여 넣으면 해장국이든 내장탕이든 더 화끈하게 즐길 수 있다.

탑해장국앤돈가스

제주시 신대로7길 7 064-749-8201
06:30~20:00(명절 당일 휴무)
버섯많이해장국, 고기많이해장국, 돈가스
₩ 10,000원(1인 기준)
가게 앞과 주변 골목

고기와 버섯을 듬뿍 넣은 맑은해장국

제주의 해장국집은 대부분 붉은 해장국인데, 이 집은 맑은 해장국으로 유명해졌다. 대표 메뉴는 버섯많이해장국과 고기많이해장국이다. 취향에 따라 '고기 많이' 또는 '버섯 많이' 옵션 중 하나를 선택하면 된다. 주문을 마치면 고기나 버섯이 뚝배기 위로 봉긋 솟아오른 해장국이 나온다. 밑반찬으로 나오는 두부 반찬도 별미다. 가성비 좋게 해장술을 마셔도 된다. 제주산 돼지로 만든 돈가스도 맛있다. 삼양해수욕장 근처 화북동에 지점이 있다.

BAKERY & DESSERT CAFE

제주시 베이커리와 디저트 카페

앙뚜아네트 용담점

제주시 서해안로 671 064-713-2220
매일 09:00~21:00 ₩ 10,000원(1인 기준)
전용 주차장 @jeju_antoinette

푸른 바다를 그대 품 안에

요즘 제주시에서 인기가 많은 베이커리 카페이다. 와플, 크루아상, 에그타르트, 스콘, 마카롱은 물론 다양한 브런치 메뉴와 맥주까지 즐길 수 있다. 앙뚜아네트 용담점의 가장 큰 매력은 바다다. 가게를 들어서면 통유리창 너머로 푸른 바다가 시원하게 펼쳐진다. 커피 향과 고소한 빵과 케이크 냄새, 여기에 은은한 바다 향까지 더해져 여행자의 후각을 즐겁게 자극한다. 지하로 내려가면 야외로 연결된다. 맑은 날에는 빈백에 편안하게 누워 바다를 즐겨보자.

제주하멜

제주시 노형2길 51-3 064-743-1653
11:00~18:00(수요일 휴무, 2~3일 전 방문 예약 필수)
치즈케이크 ₩ 17,000원(1인 기준)
전용 주차장 @jejuhamel

예약해야 살 수 있는 '인생 치즈케이크'

제주시에서 가장 핫한 디저트 카페이다. 달콤하고 부드러운 수제 치즈케이크로 유명한데, 인기 폭발이어서 직접 카페에 방문해 예약자 명부에 등록해야 최소 2~3일 후에 찾을 수 있다. 예약하고 찾을 때 두 번 방문해야 한다. 그러함에도 여행자가 몰리는 성수기엔 4일 전에 예약해야 겨우 구매할 수 있다. 공항에서 가까우니 제주에 도착하면 먼저 '하멜'로 달려야 예약을 하고 제주 떠나기 전에 치즈케이크를 받으면 된다. 치즈케이크 8개에 17,000원이다.

아라파파

제주시 국기로3길 2
064-725-8204 매일 08:00~22:00
샌드위치, 베이커리, 한라봉잼, 우도땅콩잼
₩ 15,000원(1인 기준)
바로 옆 공영주차장

빵만큼 인기 좋은 수제 잼

제주도에 빵과 디저트 열풍을 몰고 온 베이커리이다. 아라파파는 프랑스말로 '여유로운'이라는 뜻이다. 여행자들에게 인기가 좋아 오후 3시쯤엔 많은 빵이 동난다. 어느 빵이든 유기농 밀가루와 신선한 채소, 과일을 사용해 만든다. 인기 품목은 18시간 동안 저온 숙성시킨 빵에 채소와 모차렐라 치즈를 더해 만든 샌드위치이다. 크루아상과 마들렌, 치아바타, 한라봉잼과 녹차밀크잼, 구좌당근잼의 인기도 좋다. 베이커리 옆에 빵과 커피, 음료를 즐길 수 있는 카페가 따로 있다.

돌카롱 제주공항점

제주시 서광로2길 27-2 064-722-5303
매일 10:00~20:00(재료 소진 시 조기 마감)
마카롱 ₩ 15,000원(1인 기준)
길가 및 길 건너 제주종합경기장 공영주차장

제주의 빛깔을 담은 마카롱

프랑스가 고향인 마카롱이 제주도로 건너와 '돌카롱'이 되었다. 돌카롱의 '돌'은 제주의 현무암을 은유한다. 현무암을 닮은 검정 빛깔 크러스트에 제주의 유채, 수국, 바다, 억새의 색깔을 연상시키는 필링을 채워 넣었다. 필링의 컬러를 따 각각 유채카롱, 수국카롱, 이호테우카롱, 억새카롱, 돌카롱이라 이름 지었다. 한 상자에 마카롱 5개가 들어가는데 가격은 15,000원이다. 커피와 음료도 있다. 공항과 가까워 귀갓길에 들르기 편하다. 애월읍과 사려니숲길에 지점이 있다.

West side of Jeju

PART 3
서부권

애월읍·한림읍 맛집

한경면·대정읍·안덕면 맛집

서부권 베이커리와 디저트 카페

서부권 맛집 지도

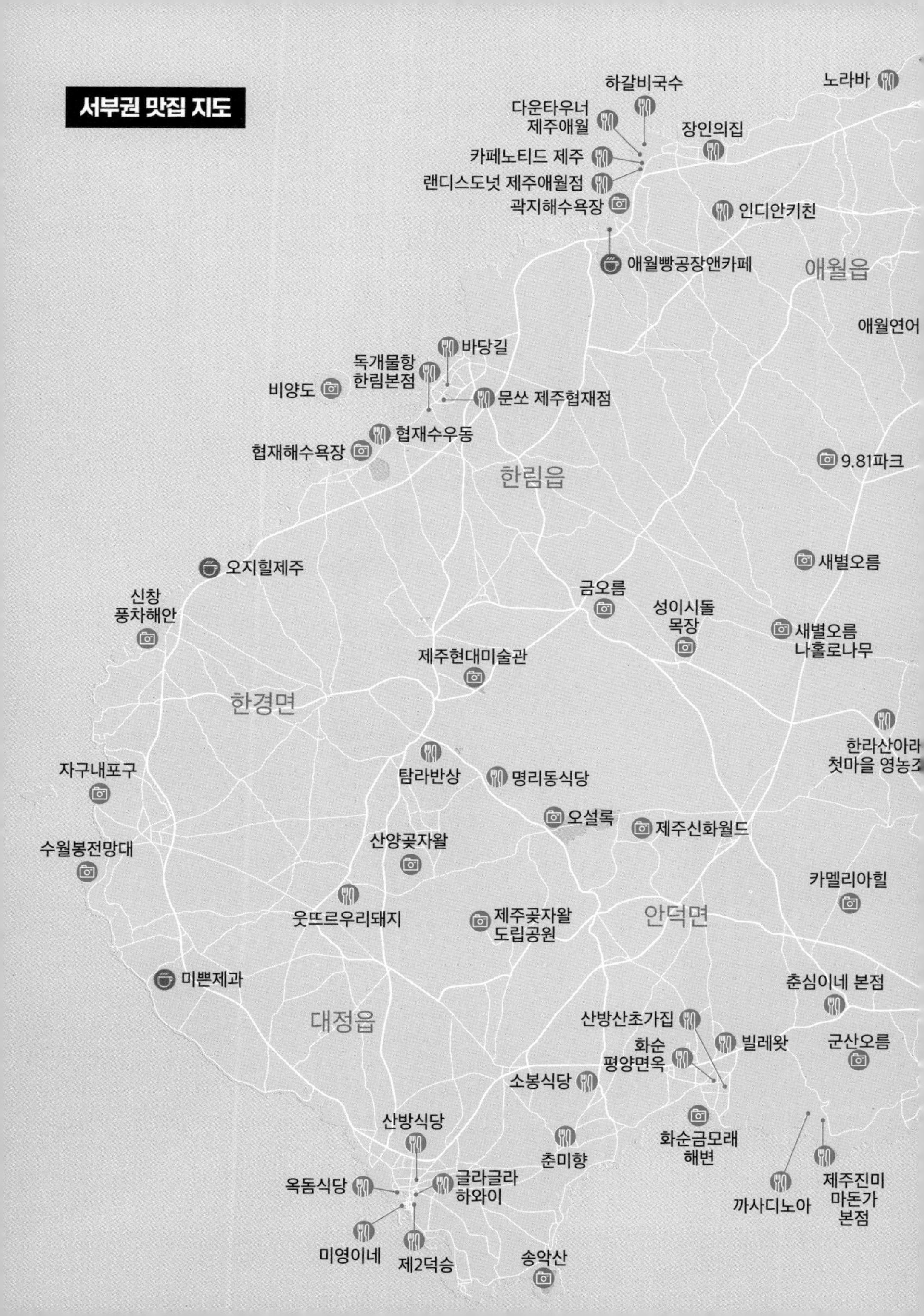

하갈비국수
노라바
다운타우너
제주애월
장인의집
카페노티드 제주
랜디스도넛 제주애월점
곽지해수욕장
인디안키친
애월빵공장앤카페
애월읍
애월연어
바당길
독개물항
한림본점
비양도
문쏘 제주협재점
협재수우동
협재해수욕장
9.81파크
한림읍
새별오름
오지힐제주
금오름
신창
풍차해안
성이시돌
목장
새별오름
나홀로나무
제주현대미술관
한경면
한라산아라
첫마을 영농
탐라반상
자구내포구
명리동식당
오설록
제주신화월드
산양곶자왈
수월봉전망대
카멜리아힐
웃뜨르우리돼지
제주곶자왈
도립공원
안덕면
미쁜제과
춘심이네 본점
대정읍
산방산초가집
빌레왓
군산오름
화순
평양면옥
소봉식당
산방식당
화순금모래
해변
춘미향
옥돔식당
글라글라
하와이
까사디노아
제주진미
마돈가
본점
미영이네
제2덕승
송악산

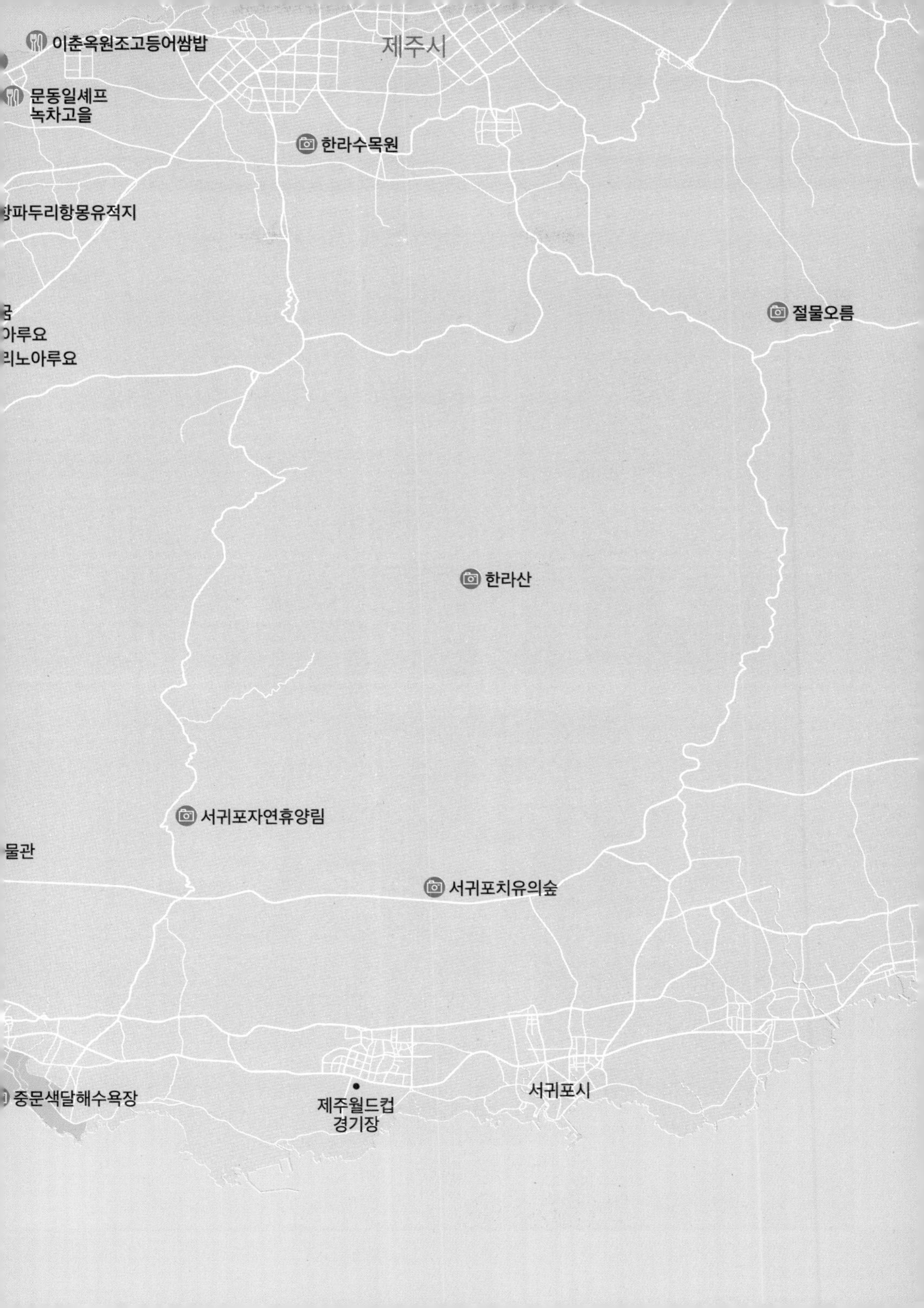

이춘옥원조고등어쌈밥
제주시
문동일셰프
녹차고을
한라수목원
항파두리항몽유적지
아루요
리노아루요
절물오름
한라산
서귀포자연휴양림
물관
서귀포치유의숲
중문색달해수욕장
제주월드컵
경기장
서귀포시

신의한모

fusion

제주시 애월읍 하귀14길 11-1 064-712-9642 11:30~21:00(브레이크타임 15:00~17:30, 월요일 휴무)
아게다시도후, 새우와게장두부덮밥, 와사비크림새우두부, 세트 메뉴 ₩ 25,000원(1인 기준)
전용 주차장 배달 가능, 재료 소진되면 조기 마감, 영업 시간과 휴무 변동 시 인스타그램 공지 @jejutofu

담백한 퓨전 두부 요리

애월읍의 하귀포구를 바라보고 있는 퓨전 두부 요리 전문점이다. 두부 본연의 맛을 느낄 수 있는 담백한 맛을 추구한다. 덮밥, 튀김, 일본식순두부, 모두부, 두부샐러드 등 두부로 만들거나 두부가 기본이 되는 다양한 요리를 즐길 수 있다. 대표 세 명이 의기투합하여 운영하는데, 두부를 공부하기 위해 일본으로 유학을 다녀올 만큼 퓨전 두부에 대한 열정이 뛰어나다. 신이 만든 것처럼 맛있는 두부 요리를 선보이고자 하는 뜻을 담아 가게 이름을 '신의 한모'라고 지었다.

인기가 가장 많은 메뉴는 일본식 두부 튀김의 일종인 아게다시도후이다. 이자카야에서 종종 먹을 수 있는데, 식감이 겉은 바삭한 유부이고, 속은 촉촉한 두부이다. 국물 같은 간장 베이스 소스와 같이 나오기 때문에 음식이 나오면 곧바로 먹어야 '겉바속촉'을 둘 다 느낄 수 있다. 손잡이가 달린 나무그릇에 나오는 한치게장두부덮밥과 도기 그릇에 나오는 성게두부덮밥도 대표 메뉴이다. 둘 다 우열을 가리기 힘들 만큼 부드럽고 맛이 좋다. 모두부와수육, 와사비크림두부새우, 모찌리두부샐러드도 많이 찾는다. 모두부, 아게다시도후, 두부어묵, 두부소고기나베 등으로 이루어진 세트 메뉴도 있다.

ONE MORE 주변의 다른 맛집

문동일셰프의 녹차고을 들깨녹차칼국수, 흑돼지떡갈비, 고사리육계장 제주시 애월읍 하귀동남4길 13-1 064-712-1780

이춘옥원조고등어쌈밥 고등어묵은지찜, 전복뚝배기, 갈치조림 제주시 애월읍 일주서로 7213 064-713-9914

이춘옥원조고등어쌈밥

local food

제주시 애월읍 일주서로 7213 064-799-9914 09:30~21:00(브레이크타임 16:00~17:00, 수요일 휴무)

고등어묵은지찜, 전복뚝배기, 갈치조림 ₩ 2인 30,000~80,000원

가능 포장 가능. 구좌읍 월정리해수욕장 근처에 월정리점이 있다. @gossam_

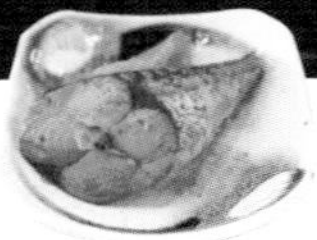

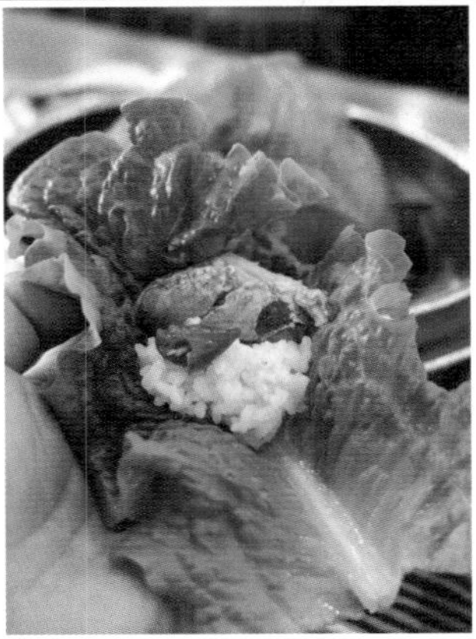

Travel tip

테이블링 앱으로 대기 시간을 반으로!

테이블링 애플리케이션을 다운로드한 뒤, 방문할 맛집을 검색해보자. 테이블링 등록업체라면 원격 줄서기를 신청할 수 있다. 대기자 수를 실시간으로 볼 수 있고, 내 차례가 가까워지면 카카오톡으로 현장 대기 알림 메시지가 온다.

맛에 반하고, 바다 전망에 다시 반하는

애월읍 하귀리에 있는 묵은지고등어조림 맛집이다. 제주공항에서 차로 15분 거리에 있다. 가슴속까지 시원해지는 멋진 바다 뷰 맛집으로도 유명해 여행객의 발길이 끊이지 않는다. 바다를 바라보며 식사할 수 있는 창가 자리는 최소 1~2시간 전에 예약해야 한다. 주말과 저녁에 방문할 계획이라면 하루 전에 예약하는 편이 좋다. 창가 자리가 아니어도 실망할 필요 없다. 감칠맛 도는 묵은지 고등어조림만으로도 이 집의 가치는 충분하다. 묵은지 반포기를 푸짐하게 얹은 고등어조림에 맛깔나는 반찬, 쌈채소까지 보기만 해도 배부른 한상차림을 내온다. 묵은지 밑에는 살집이 좋은 고등어가, 고등어 밑에는 단맛 자랑하는 제주산 무가 자박자박 졸여져 있다. 흰쌀밥 무한 리필을 부르는 밥도둑이다. 워낙 인기가 좋아 웨이팅이 긴 편이지만, 테이블링 등록업체이어서 원격 줄서기 웨이팅 예약가 가능하다.

ONE MORE 주변의 다른 맛집

신의한모 새우와게장두부덮밥, 와사비크림새우두부
제주시 애월읍 하귀14길 11-1 064-712-9642

노라바 해물라면, 문어라면
제주시 애월읍 구엄길 100 064-772-1900

노라바

ramen

◎ 제주시 애월읍 구엄길 100 ☏ 064-772-1900 ◷ 10:00~17:30(브레이크타임 14:00~15:00, 마지막 주문 17:15, 첫째 토요일, 넷째 목요일 휴무) Ⓜ 문어라면, 해물라면 ₩ 9,000~15,000원
🚗 가능 ⓘ 반려동물 동반 불가, 재료 소진 시 조기 마감 📷 @noraba_jeju

옛날도시락

애월 바다 뷰 해물라면 맛집

제주도 대표 드라이브 코스인 애월해안도로에 있다. 해산물이 듬뿍 들어간 라면과 멋진 바다 뷰로 유명하다. 도착하면 가게에서 입장 번호를 나눠준다. 순서가 오면 입장과 동시에 카운터에서 주문을 하고 자리를 잡는다. 실내 좌석뿐 아니라 마당과 루프톱에 야외 테이블이 넉넉히 마련되어 있다. 가게에서 자리 안내를 따로 하지 않아, 루프톱 좌석은 늘 자리를 차지하기 위한 눈치 싸움이 치열하다. 인기 메뉴는 황게 한 마리, 문어, 전복이 들어간 문어라면으로 하루 15인분만 한정 판매한다. 황게와 전복을 넣은 해물라면과 분홍 소시지, 볶음 김치를 얹은 옛날도시락 세트도 인기가 좋다. 역시 라면은 야외에서 먹어야 꿀맛이다. 게다가 바다를 바라보며 먹는 해물라면이라니! 어느 산해진미 부럽지 않다.

ONE MORE 주변의 다른 맛집

신의한모 새우와게장두부덮밥, 와사비크림새우두부
◎ 제주시 애월읍 하귀14길 11-1 ☏ 064-712-9642
문동일셰프의 녹차고을 들깨녹차칼국수, 흑돼지떡갈비, 고사리육개장 ◎ 제주시 애월읍 하귀동남4길 13-1
☏ 064-712-1780

문동일셰프의 녹차고을

fusion

제주시 애월읍 하귀동남4길 13-1 064-712-1780 10:00~20:30(화요일 휴무)
들깨녹차칼국수, 흑돼지떡갈비, 고사리육개장 ₩ 28,000원(2인 기준)
식당 옆 공영주차장 한식대첩 시즌3에 출연한 셰프의 맛집 @moon_dongil

제주 로컬푸드의 대표 선수

녹차고을은 프랑스 유명 요리학교 르 꼬르동 블루 출신 문동일 셰프가 운영하는 제주 로컬푸드 전문점이다. 40년 경력의 문동일 셰프는 지역 식재료를 활용하여 제주 전통음식을 현대적 감각으로 재해석한 정갈한 밥상을 선보이고 있다. 대표 메뉴는 들깨녹차칼국수와 흑돼지떡갈비다. 두 메뉴를 모두 맛보고 싶다면 녹차칼국수세트를 주문해보자. 특허받은 쫄깃한 면과 고소한 국물이 일품인 들깨녹차칼국수, 간장꾸찌뽕소스로 만든 흑돼지떡갈비, 이 둘의 궁합이 훌륭하다. 특히 들깨녹차칼국수의 진득하면서 고소한 맛은 많은 손님이 다시 찾고 싶어 하는 이유 중 하나다. 제주의 감성이 스며든 고사리육개장도 인기 메뉴이다. 독특한 반찬도 눈길을 끈다. 제주 감귤과 한라봉을 된장에 버무려 만든 감귤김치다. 구수한 된장과 귤의 신맛이 절묘하게 어우러지면서 식욕을 자극한다. TV프로그램 한식대첩에 소개된 흑돼지안심, 전복구이, 꿩엿감귤샐러드 등이 포함된 요리를 맛보고 싶다면 제주밥상세트를 주문하면 된다.

ONE MORE 주변의 다른 맛집

신의한모 새우와게장두부덮밥, 와사비크림새우두부
제주시 애월읍 하귀14길 11-1 064-712-9642

이춘옥원조고등어쌈밥 고등어묵은지찜, 전복뚝배기, 갈치조림 제주시 애월읍 일주서로 7213 064-713-9914

아루요

Japanese food

◎ 제주시 애월읍 유수암평화5길 15-8 ☏ 064-799-4255
◷ 11:30~20:00(브레이크타임 14:30~17:30, 일요일 휴무)
Ⓜ 나가사키짬뽕, 사케동, 가츠동 ₩ 12,000원~17,000원(1인 기준) 🚗 가게 앞 주차
ⓘ 식욕이 왕성하다면 2인 3가지 메뉴를 추천한다. ⓞ @kitchen_aruyo

일본식 가정식의 원조

아루요는 여행자 맛집의 원조이다. 2011년에 오픈했다. '마스터 셰프 오브 코리아1'에서 우승한 김승민 셰프가 운영하다가 지금은 수제자가 이어받아 그 맛을 그대로 유지하고 있다. 가게는 오픈 당시의 일본 노포 느낌을 여전히 유지하고 있다. 나가사키짬뽕이 가장 유명한 메뉴이다. 쫄깃한 면발도 맛있지만, 불맛을 가득 입힌 감칠맛 깊은 국물이 감동적이다. 조금 과장하면 일본 본고장에서 배워가야 할 만큼 맛이 뛰어나다. 일본식 연어회덮밥인 사케동도 인기 메뉴이다. 연어회가 그렇게 부드러울 수 없다. 양파와 고추냉이를 얹어 먹으면 입안에서 금세 사라진다. 가츠동은 흔히 돈가스덮밥이라 부른다. 양파를 달짝지근한 간장 소스에 볶고, 달걀을 풀어 살짝 익힌 후 덮밥 위에 끼얹는 음식인데, 촉촉한 돈가스와 간장 소스가 스며든 밥의 조화가 특별하다. 대기할 수 있으므로, 오픈 시간에 맞춰 방문하는 것을 추천한다.

ONE MORE 주변의 다른 맛집

모리노 아루요 카이센동, 메로동, 부타동, 가라아게
◎ 제주시 애월읍 하소로 769-58 ☏ 064-799-4253
우굼 바릇국수, 몰망국수, 성게전복장비빔밥
◎ 제주시 애월읍 하소로 611-42 ☏ 010-2973-9448
애월연어 스노우초밥, 불땡이초밥
◎ 제주시 애월읍 하소로 660 ☏ 064-799-5300

모리노아루요

Japanese food

제주시 애월읍 하소로 769-58 064-799-4253
11:30~20:00(브레이크타임 14:30~18:00, 일요일·공휴일 휴무)
카이센동, 메로동, 부타동, 가라아게, 토리라멘 ₩ 1인 1만~2만5천원
가게 앞 주차 @aruyo_dangmoo7

특별한 일본식 덮밥

모리노아루요는 '마스터 셰프 오브 코리아1'의 우승자이자 이효리·이상순의 결혼식 음식을 담당해 유명해진 김승민 셰프가 운영하는 맛집이다. 그는 제주에 일본 가정식을 널리 알린 장본인이다. 모리노아루요는 〈효리네 민박〉에도 소개된 맛집이다. 메인 메뉴는 일본식 덮밥이다. 카이센동, 메로동, 부타동이 있다. 사이드 메뉴로는 가라아게와 새우 카키아게가 있다. 해산물덮밥 카이센동엔 참치, 연어, 성게, 문어 등이 올려져 있다. 간장 소스가 스며든 밥에 얹어 무순, 고추냉이와 함께 먹으면 초밥과는 또 다른 조화의 맛을 느낄 수 있다. 돼지고기덮밥 부타동은 달큼하고 짭짤한 양념이 되어 있기에 밥과 함께 먹기에는 그만이다. 돈부리는 간이 배인 밥에 수란을 넣어서 쓱싹쓱싹 비벼서 먹는 맛이 특별하다. 간장과 부드러운 달걀의 조화가 입을 즐겁게 한다. 튀김도 진리다! 가라아게와 가키아게는 맥주를 주문하게 하는 맛이다. 소량으로 판매한다.

ONE MORE 주변의 다른 맛집

아루요 나가사키짬뽕, 사케동, 가츠동
제주시 애월읍 유수암평화5길 15-8 064-799-4255

애월연어 스노우초밥, 불땡이초밥
제주시 애월읍 하소로 660 064-799-5300

우굼 바릇국수, 몰망국수, 성게전복장비빔밥
제주시 애월읍 하소로 611-42 010-2973-9448

애월연어

fusion

제주시 애월읍 하소로 660 064-799-5300
11:00~21:00(브레이크타임 15:00~17:00, 일요일 휴무) 스노우초밥, 불땡이초밥, 연어한판
₩ 15,000원~30,000원(1인 기준) 식당 앞 포장 및 예약 가능 @jeju_salmon

갈치 말고 연어 어때요?

애월연어는 연어 전문 음식점이다. 제주에서 가장 교통량이 많다는 평화로 초입인 유수암 시골길 한편에 자리를 잡았다. 연어 특유의 비릿한 맛 때문에 거부감이 있었던 사람들도 맛있게 연어를 맛볼 수 있는 곳이다. 매일 최상급의 신선한 생연어와 제주에서 나는 신선한 재료로 건강하고 맛있는 음식을 차려낸다. 눈 덮인 한라산을 치즈로 표현한 시그니처 메뉴인 스노우초밥과 생연어 초밥을 불에 익혀 데리야키소스와 크림소스로 풍미를 더한 불땡이초밥이 유명하다. 제주에서 갈치조림 가격에 놀라 다른 선택을 생각하고 계신 분들이 있다면 이곳의 연어한판 메뉴를 추천한다. 생연어와 훈제연어, 구운연어머리까지 한 번에 맛볼 수 있기 때문이다. 연어는 오메가-3, 단백질, 비타민 B 등 다양한 영양소를 고루 갖춘 완전식품이다. 식사 후 커피와 차는 셀프로 무료로 마실 수 있다.

ONE MORE 주변의 다른 맛집

아루요 나가사키짬뽕, 사케동, 가츠동
제주시 애월읍 유수암평화5길 15-8 064-799-4255

모리노 아루요 카이센동, 메로동, 부타동, 가라아게
제주시 애월읍 하소로 769-58 064-799-4253

우굼 바릇국수, 몰망국수, 성게전복장비빔밥
제주시 애월읍 하소로 611-42 010-2973-9448

우굼

local food

제주시 애월읍 하소로 611-42 010-2973-9448 11:00~19:00 (목요일 16:30까지, 화·수 정기휴무)
바릇국수, 고기국수, 몰망국수, 성게전복장비빔밥 ₩ 1인 11,000~16,000원
전용 주차장 제주산과 국내산 재료만 사용한다. @jeju_ugum

색다른 국수와 비빔밥

우굼은 애월읍 유수암리에 있다. 빨간 벽돌집과 온기가 느껴지는 아기자기한 실내가 인상적이다. 주요 메뉴는 바릇국수, 몰망국수, 성게전복장비빔밥, 톳튀김명란비빔밥이다. 톳튀김을 올린 싱싱한 샐러드와 김치와 양파 장아찌가 기본 반찬으로 나온다. 바릇국수는 성게, 보말, 게, 딱새우가 들어있다. 바다 향이 가득한 국수이다. 하트 모양의 성게 덕에 한층 더 진한 향이 느껴진다. 청양고추를 넣어 먹으면 칼칼하면서도 시원한 국물 맛을 느낄 수 있다. 바릇은 바다라는 뜻이다. 몰망국수는 고기와 모자반몰망, 몸을 넣어 끓인다. 매콤하면서도 진한 국물 맛을 느낄 수 있다. 성게전복장비빔밥은 유기농우엉톳밥, 여러 가지 채소, 성게, 전복장으로 구성돼 있다. 바다 향과 아삭아삭한 식감이 입을 즐겁게 해준다. 톳튀김명란비빔밥은 톳튀김과 천일염으로 염장한 명란젓, 그리고 채소를 넣고 비벼 먹는다. 고기국수도 판매한다.

ONE MORE 주변의 다른 맛집

아루요 나가사키짬뽕, 사케동, 가츠동
제주시 애월읍 유수암평화5길 15-8 064-799-4255

모리노 아루요 카이센동, 메로동, 부타동, 가라아게
제주시 애월읍 하소로 769-58 064-799-4253

애월연어 스노우초밥, 불땡이초밥
제주시 애월읍 하소로 660 064-799-5300

장인의 집

dumpling

제주시 애월읍 애월로19길 31 064-799-1610 매일 09:00~22:00

수제4색만두전골, 4색모둠만두 ₩ 34,000~70,000(2인 기준) 가게 옆 골목 주차

네이버 또는 전화 예약 가능, 포장 및 배달 주문 가능, 당일은 테이블링 어플에서 원격 줄서기 가능 @jangin_jejudo

맛이 깊은 사골 국물과 4색 수제 만두

제주까지 와서 만두를? 좀 의아해할 수 있지만, 이 집 요리를 먹어보면 그런 말 하지 못한다. 대표 메뉴는 수제 4색 만두전골이다. 흰 만두는 제주 흑돼지로 만들고, 분홍 만두는 비트로 색을 낸 김치만두이다. 문어 먹물로 색을 낸 검정 만두엔 쫄깃한 문어가, 제주 보리로 색을 낸 초록 만두엔 전복이 들어 있다. 버섯과 우삼겹육즙 맛이 가장 뛰어난 소 아랫배 부위이 들어간 기본 만두전골과 해물과 소갈비가 추가된 만두전골이 있으며, 육수는 순한 맛과 얼큰한 맛 중에서 선택할 수 있다. 해풍에 건조한 얇은 피에 속이 꽉 찬 만두는 맛이 가히 최고이다. 게다가 사골과 닭고기를 가마솥에서 3일 동안 끓인 육수는 더없이 깊고 진하다. 육수를 계속 보충해 주니 숟가락 내려놓기 쉽지 않다. 마지막으로 수제 칼국수까지 먹으면 포만감이 절정에 이른다. 손님이 끊이지 않는다. 협재와 성산에 지점이 있다.

ONE MORE 주변의 다른 맛집

하갈비국수 갈비비빔국수, 갈비고기국수, 돔베고기
제주시 애월읍 애월북서길 52 2층 070-4543-2724

다운타우너 제주애월 베이컨치즈버거, 아보카도버거, 크리스피치킨버거 제주시 애월읍 애월로1길 24-9 제1동 1층 0507-1315-0160

하갈비국수

noodles

제주시 애월읍 애월북서길 52 2층 070-4543-2724
10:00~20:00(마지막 주문 19:00) 갈비고기국수, 갈비비빔국수
₩ 9,000~40,000원(1인 기준) 전용 가능 @hagalbigugsu

흑갈비 고기국수와 엄지 척 바다 뷰

하갈비국수는 바다 뷰 맛집으로 유명한 고기 국숫집이다. 제주도에서 핫한 애월한담해변의 카페거리에 있다. 하이엔드제주와 같은 브랜드로 하이엔드의 전망과 분위기를 그대로 옮겨 놓았다. 한강에서 먹는 라면도 맛있는데 예쁘기로 손꼽히는 애월한담해변을 보며 먹는 고기국수라니! 1층엔 고깃집 하갈비가 있고, 2층이 하갈비국수이다. 통유리창에 담긴 탁 트인 바다 뷰에 감탄이 절로 난다. 날씨 운이 좋으면 3층의 루프톱에서 먹을 수 있지만, 안타깝게도 바람이 거세서 그런 날은 1년 중에 별로 없다. 대표 메뉴는 갈비고기국수이다. 고기국수에 큼직한 돼지갈비를 얹어 내온다. 슴슴한 돔베고기와 짭조름한 돼지갈비를 번갈아가며 먹는 재미가 남다르다. 취향에 따라 호불호가 갈릴 수 있는 점은 갈비가 따로 제공되지 않고 국수에 담겨 나온다는 것이다. 갈비와 환상 궁합을 자랑하는 흑돼지비빔국수도 잊지 말자. 갈비와 매콤한 비빔면의 조합은 늘 옳다.

ONE MORE 주변의 다른 맛집

다운타우너 제주애월 베이컨치즈버거, 아보카도버거, 크리스피치킨버거 제주시 애월읍 애월로1길 24-9 제1동 1층 0507-1315-0160

랜디스도넛 제주애월점 글레이즈도넛, 버터크림도넛, 엠앤엠도넛 제주시 애월읍 애월로 27-1 064-799-0610

다운타우너 제주애월

hamburger

제주시 애월읍 애월로1길 24-9 제1동 1층 0507-1315-0160 매일 10:00~20:00(마지막 주문 19:00)
베이컨치즈버거, 아보카도버거, 크리스피치킨버거 ₩ 10,000원(1인 기준)
세븐일레븐 애월한담점 앞 주차장 포장 가능, 반려동물 동반 가능, 휴무와 영업시간 변경 시 인스타그램에 공지 downtowner.official

여행지에서 먹는 조금 특별한 햄버거

한담해변 애월카페거리에 있는 수제 버거 전문점이다. 애월에 오픈하자마자 인기를 끌기 시작하더니 여전히 손님이 끊이지 않는다. 인기가 많아서 줄 서서 기다릴 때가 많다. 인기가 많은 메뉴는 베이컨치즈버거, 아보카도버거, 갈릭버터플라이, 오리지날프라이 등을 꼽을 수 있다. 새로운 메뉴로 선보인 크리스피치킨버거도 한창 인기를 끌고 있다. 버거는 생각만큼 크지 않다. 하지만 한 끼 식사로는 부족하지 않다. 내용이 알찬 데다가 버거 맛은 이미 소비자에게 좋은 평가를 받고 있으므로 특별히 더 설명하지 않아도 될 듯하다. 사실 버거는 바쁜 도시인에게 어울리는 패스트푸드이지만, 제주도에서 먹는 기분은 또 다르다. 게다가 몇 걸음만 걸으면 푸른 바다다. 버거와 수제맥주를 테이크아웃 해서 한담해변에서 먹으면 바닷가로 소풍 나온 기분을 만끽할 수 있다. 가게 내부까지 반려동물을 동반할 수 있지만, 그래서 불편해하는 사람도 있다.

ONE MORE 주변의 다른 맛집

하갈비국수 갈비비빔국수, 갈비고기국수, 돔베고기
제주시 애월읍 애월북서길 52 2층 070-4543-2724

랜디스도넛 제주애월점 글레이즈도넛, 버터크럼도넛, 엠앤엠도넛 제주시 애월읍 애월로 27-1 064-799-0610

랜디스도넛 제주애월점

doughnut

⊚ 제주시 애월읍 애월로 27-1 ☏ 064-799-0610 ◷ 매일 10:00~19:00

Ⓜ 토콜릿도넛, 글레이즈도넛, 슈가도넛 ₩ 1개 2,200~3,500원

전용 주차장 ⓘ 반려동물 동반 가능, 휴무와 영업시간 변동 시 인스타그램에 공지 @randysdonutskr1962

아이언맨이 사랑한 도넛

바야흐로 도넛 전성시대이다. 한동안 유행했던 스콘과 앙버터 인기가 시들해지고 도넛이 디저트 마니아들의 사랑을 듬뿍 받고 있다. 그중에서도 랜디스도넛은 도넛 유행의 선두주자라 불릴 만큼 인기가 좋다. 영화 <아이언맨2>에서 아이언맨이 도넛을 먹는 장면이 나와 아이언맨 도넛으로도 유명하다. 애월읍에 있는 제주애월점은 한국 지점 1호로 론칭과 동시에 도넛 마니아들에게 반드시 가야 하는 성지가 되었다. 핫한 카페와 맛집이 모여있는 한담해변 주변에 있어 지금까지도 사람들의 발길이 끊이지 않는다. 웨이팅 20~30분은 기본이지만 그만한 가치가 있다. 매일 50여 가지가 넘는 도넛을 매장에서 직접 제조해 신선한 데다 반죽의 식감까지 살아있다. 달콤한 필링을 가득 채운 도넛을 한입 베어 물면 입가에 미소가 퍼진다. 이곳에 가면 인생샷을 촬영하는 것도 잊지 말자. 에메랄드 빛깔 바다와 거대한 핑크 도넛을 함께 담으면 이곳이 제주인지 로스앤젤레스인지 헷갈릴 만큼 이국적이다.

ONE MORE 주변의 다른 맛집

하갈비국수 갈비비빔국수, 갈비고기국수, 돔베고기
⊚ 제주시 애월읍 애월북서길 52 2층 ☏ 070-4543-2724

다운타우너 제주애월 베이컨치즈버거, 아보카도버거, 크리스피치킨버거 ⊚ 제주시 애월읍 애월로1길 24-9 제1동 1층 ☏ 0507-1315-0160

인디언키친

Indian food

제주시 애월읍 애원로 191 064-799-5859 매일 11:30~21:00

양갈비, 탄두리치킨, 새우커리, 치킨비리아니 ₩15,000원~30,000원(1인 기준)

전용 주차장 인도 현지인 셰프가 탄두리 화덕에서 요리한다. @_indian_kitchen

현지인이 만드는 인도 요리

애월읍 상가리에 있는 인도 음식 전문점이다. 회나 해산물 아니라 제주에서 무슨 인도 음식이냐 싶겠지만, 이곳은 그래도 가볼 만한 곳이다. 제주도의 인도 음식점 가운데 가장 유명하고, 이용자들의 평가도 좋기 때문이다. 애월이나 한림의 관광지를 여행하다가 색다른 음식을 먹고 싶다면 인디언키친으로 차를 돌려도 좋겠다. 붉은 벽돌 건물이 편안한 느낌을 주는데, 안으로 들어가면 실내는 마치 온실에 들어온 듯 화분마다 초록 식물이 자라고 있다. 넓은 창문으로 햇살이 가득 들어와 더욱 좋다. 인디언키친에서는 인도인 셰프가 탄두리 화덕에서 요리한 인도 정통 요리를 즐길 수 있다. 양갈비, 탄두리치킨, 전복커리, 새우커리, 카쉬미르카밥, 양고기바리아니, 치킨바리아니……. 메뉴판을 펼치면 인도 현지 식당이라고 해도 믿을 만큼 다양한 음식이 적혀있다. 새우커리와 탄두리치킨은 난이랑 궁합이 잘 맞는다. 새우초우민은 매콤하면서도 짭짤하지만 다른 인도 음식점보다 덜 자극적이어서 좋다. 여럿이 가면 이런저런 메뉴를 시켜서 같이 먹으면 좋다. 주차장이 넓어서 주차 걱정할 필요가 없는 것도 장점이다. 식사 후에는 잠시 짬을 내 사계절 꽃이 피는 아름다운 정원을 산책하자.

ONE MORE 주변의 다른 맛집

하갈비국수 갈비비빔국수, 갈비고기국수, 돔베고기
제주시 애월읍 애월북서길 52 2층 070-4543-2724

다운타우너 제주애월 베이컨치즈버거, 아보카도버거, 크리스피치킨버거 제주시 애월읍 애월로1길 24-9 제1동 1층
0507-1315-0160

장인의 집 수제4색만두전골, 4색모둠만두
제주시 애월읍 애월로19길 31
064-799-1610

바당길

noodles

◎ 제주시 한림서길 18 바당길 ☏ 064-796-1658 ◷ 08:00~15:00(목요일 휴무)
Ⓜ 보말칼국수, 톳칼국수, 보말죽, 전복죽, 한치물회, 자리물회 ₩ 8,000~15,000원(1인 기준)
🚗 가능 ⓘ 포장 및 반려동물 동반 가능

수제 톳 면을 넣은 보말칼국수

바당길은 한림항에 있는 보말칼국수 맛집이다. 정갈한 음식과 수제 톳 면으로 인기몰이 중이다. 아담한 가게 내부로 들어서면 '바당길 칼국수 면은 쥔장이 직접 톳으로 정성껏 만듭니다.'라는 문구가 시선을 끈다. 주인의 자부심과 음식을 만드는 마음이 전해진다. 방문객들이 입을 모아 극찬하는 이 집만의 매력 포인트는, 에피타이저로 제공해주는 보리밥이다. 흑돼지를 다져 넣은 볶음 쌈장과 톡톡 터지는 식감의 톳, 구수한 보리밥이 식욕을 돋운다. 인기 메뉴는 보말칼국수와 톳칼국수로 두 메뉴 모두 톳을 넣어 직접 만든 면을 사용한다. 비양도에서 채취한 톳과 해녀들이 직접 잡은 수두리보말을 고집한다. 보말칼국수는 고소하고 깊은 맛이 나는 보말 국물에 톳의 향긋함이 더해져 풍미가 강하다. 면은 탱글탱글하고 쫀득한 식감이 살아있다. 톳칼국수는 보말칼국수보다 해조류의 향과 맛이 강하지만 국물은 한층 더 깔끔하다. 칼국수뿐 아니라 보말죽, 전복죽도 맛이 좋고, 계절 메뉴인 한치물회, 자리물회 등 다양한 메뉴가 있다.

ONE MORE 주변의 다른 맛집

문쏘 제주협재점 황게카레, 고등어밥, 에그인헬, 쿠로부타동
◎ 제주시 한림읍 한림상로15-5 ☏ 064-796-4055

독개물항 한림본점 갈치조림, 해물뚝배기
◎ 제주시 한림읍 한림로 478 ☏ 064-796-3966

독개물항 한림본점

seafood

제주시 한림읍 한림로478 064-796-3966 매일 08:00~21:00(브레이크타임 15:30~17:00)
갈치조림, 해물뚝배기, 성게미역국, 전복죽 ₩ 갈치조림(4인분) 75,000원, 해물뚝배기 12,000원
전용 주차장 ⓘ 일찍 문을 열어 아침 먹기 좋다

입에 착착 붙는 갈치조림과 해물뚝배기

협재해수욕장에서 북쪽으로 차로 5분 거리에 있다. 이 자리에서 15년간 운영해온 제주도민 맛집이다. 내부에 가득 붙은 방명록이 인기를 짐작하게 한다. 주문하고 나면 밑반찬과 함께 날달걀이 나오는데, 가게 한편에 마련된 셀프 조리대에서 달걀 프라이를 해먹을 수 있다. 기다리는 동안 입맛도 돋우고 시골 인심이 느껴져 정겹기까지 하다. 이 집의 대표 메뉴는 갈치조림과 해물뚝배기이다. 살이 도톰한 갈치와 개운하고 단맛이 도는 무가 맛깔난 양념에 조려지면 밥도둑이 따로 없다. 조림 메뉴에는 소면이 함께 나오는데 양념에 비벼 먹으면 이 또한 별미이다. 해물뚝배기는 오분자기, 조개, 딱새우 등 해산물을 듬뿍 넣고 된장으로 맛을 더해낸다. 남녀노소 누구에게나 호불호가 갈리지 않는 맛. 시원하고 칼칼한 국물이 입과 속을 깔끔하게 정리해 준다. 성게미역국, 전복죽, 오분자기뚝배기, 오분자기구이와 세트 메뉴도 있어 아침 식사부터 저녁 술안주까지 모두 가능하다.

ONE MORE 주변의 다른 맛집

문쏘 제주협재점 황게카레, 고등어밥, 에그인헬, 쿠로부타동
제주시 한림읍 한림상로15-5 064-796-4055

바당길 보말칼국수, 보말죽, 전복죽, 한치물회
제주시 한림서길 18 바당길 064-796-1658

문쏘 제주협재점

fusion

제주시 한림읍 한림상로15-5 064-796-4055 매일 10:30~20:20(마지막 주문 19:30)
황게카레, 고등어밥, 에그인헬, 쿠로부타동 ₩ 15,000원~20,000원(1인 기준)
근처 공영주차장(옹포리 295-11) 반려동물 동반 가능 @moonsso1942

제주산 황게가 통으로 올라간 카레

문쏘는 한림항 근처에 있는 퓨전 레스토랑이다. 이미 젊은 여성 여행자들 사이에서는 근처의 '우무'와 함께 들려야 하는 맛집으로 입소문이 났는데, 작년 겨울 BTS의 지민이 다녀가면서 아미들에게 제일 핫한 성지가 되었다. 홀에 있는 테이블 외에도 인테리어 콘셉트가 다른 5개의 독립된 방이 있지만, 아미들은 지민이 앉았던 3번 테이블만 찾는 웃지 못할 일도 있다. 외부와 내부 인테리어에서 짙게 풍기는 분위기 때문에 '제주의 작은 오키나와'라는 애칭이 생겼다.

메뉴는 일식, 중식, 양식 등 다양한데, 시그니처 메뉴인 황게카레가 가장 인기가 좋다. 황게 한 마리가 통으로 올라간 비주얼에 눈이 먼저 즐겁고 알싸한 카레와 은은하게 입혀진 불 맛에 입이 또 한 번 즐겁다. 제주와 일식 퓨전 요리를 맛보고 싶다면 고등어밥을 추천한다. 고등어와 표고버섯, 아스파라거스 등 제주 로컬푸드에 달큼하고 짭조름한 특제 소스가 더해져 친숙하면서도 이국적인 맛이 난다. 맛과 비주얼, 퓨전 음식이 주는 새로움, 어느 것 하나 놓치고 싶지 않다면 문쏘로 가자.

ONE MORE 주변의 다른 맛집

하갈비국수 보말칼국수, 보말죽, 전복죽, 한치물회

제주시 한림서길 18 바당길 064-796-1658

독개물항 한림본점 갈치조림, 해물뚝배기

제주시 한림읍 한림로 478 064-796-3966

협재수우동 협재점

noodles

◎ 제주시 한림읍 협재1길 11 ☏ 064-796-5830 ◷ 10:30~17:00(화요일 휴무)
Ⓜ 수우동, 자작냉우동, 유부우동 ₩ 12,000원(1인 기준)
🚗 길 건너 주차장 ⓘ 대부분 시간에 주문 후 기다려야 한다.

비양도가 보이는 뷰 맛집

협재포구와 협재해수욕장 사이에 있다. 한림읍에서 손꼽히는 뷰 맛집으로, 창가에 앉으면 협재 바다와 비양도가 시야 가득 들어온다. 맛있는 우동에 풍경까지 아름다우니 입은 물론 눈까지 즐겁다. 처음에는 젊은 여성들 사이에 입소문으로 알려지더니 <수요미식회>에 방영된 뒤부터는 여행자 맛집으로 인기를 끌고 있다. 손님이 끊이지 않고 이어지는 까닭에 이름과 전화번호, 희망 메뉴를 남기고 자리가 날 때까지 기다려야 한다. 15분 단위로 4팀씩 예약할 수 있다. 가장 인기가 많은 메뉴는 자작냉우동이다. 협재수우동의 시그니처 메뉴인데, 면은 쫄깃하고 육수는 감칠맛이 특별하다. 고명으로 반숙 달걀튀김과 어묵튀김이 올라온다. 고명과 면을 잘 섞어서 입에 넣으면 고소함과 쫄깃함 거기에 튀김의 바삭함까지 한 번에 느낄 수 있다. 수우동, 유부우동, 덮밥, 돈가스 메뉴도 있다.

ONE MORE 주변의 다른 맛집과 카페

독개물항 한림본점 갈치조림, 해물뚝배기
◎ 제주시 한림읍 한림로 478 ☏ 064-796-3966
파라토도스 오션 뷰 카페 ◎ 제주시 한림읍 금능길 87 파라토도스 ☏ 0507-1310-4331

웃뜨르우리돼지

barbecue

제주시 한경면 연명로 2 064-772-5992
11:30~21:30(수요일 휴무) 흑돼지오겹살, 흑돼지목살 ₩ 200g 18,000원 가능

도민이 인정하는 엄지 척, 흑돼지

웃뜨르는 제주도 방언으로 위쪽 들녘이라는 뜻이다. 제주의 위쪽, 한라산 중산간 마을을 이른다. 중산간의 돼지는 제주에서도 최고로 친다. 한라산 자락에서 방목해서 키운 돼지는 잡내가 적고 육질이 쫄깃하기 때문이다. 웃뜨르우리돼지는 중산간 지역의 돼지고기를 고집한다. 돌하르방이 지키고 있는 문을 지나 가게로 들어서면 테이블 6~7개 정도 놓인 정원이 펼쳐진다. 날씨가 좋은 저녁에는 야외 테이블을 차지하기 위한 눈치 싸움이 벌어진다. 고기 맛은 두말하면 잔소리. 두툼한 고기가 적당히 익으면 한입 크기로 잘라주는데 동글동글하게 잘린 고기 안에 육즙이 가득하다. 소금을 살짝 찍어 먹으면 고기의 단맛이 강하게 나고, 멜젓을 곁들이면 육지와 바다의 풍미를 함께 느낄 수 있다. 갈매기살을 듬뿍 넣고 칼칼하게 끓인 김치찌개와 추억의 도시락도 인기 메뉴이다. 옛날 도시락에 분홍 소시지, 멸치볶음, 달걀 프라이 등을 넣고 흔들어 먹는 재미가 있다.

ONE MORE 주변의 다른 맛집

탐라반상 한식 뷔페
제주시 한경면 녹차분재로 571 0507-1337-2070

명리동식당 흑돼지자투리고기, 흑돼지삼겹살
제주시 한경면 녹차분재로 498 064-772-5571

탐라반상

buffet

제주시 한경면 녹차분재로 571 0507-1337-2070
매일 11:00~20:00(마지막 주문 19:00) 제주자연한식 ₩ 1인 10,000~15,000원
전용주차장 @tamrabansang

몸속까지 디톡스 되는 힐링 푸드

한경면 저지리에 있는 한식 뷔페 음식점이다. 로컬푸드 연구가가 제철 재료를 이용해 요리한다. 샐러드와 채소, 해조류, 비건 고기, 생선 등 20여 가지의 음식이 있다. 메뉴 구성은 날마다 조금씩 차이가 있다. 매일 아침 시장에서 장을 보는데, 그날 가장 신선한 제철 재료에 따라 메뉴가 정해지기 때문이다. 건강한 재료에 집중하는 게 이 집의 가치이자 고집이다. 탐라반상은 음식에 화학조미료를 사용하지 않고 채소 본연의 맛을 살린다. 음식 맛을 보는 순간 채소는 맛이 없다는 편견이 사라진다. 단맛, 쓴맛, 향이 모두 살아 있고 입안 가득 신선함이 퍼진다. 몸속까지 디톡스 되는 힐링 푸드이다. 뷔페 메뉴에 비건 고기도 포함되어 있다. 쌀로 만들어 쫄깃하고 식사 후에도 속이 편안하다. 현재 사전 예약제로 운영한다. 예약 시에 건강상의 이유로 특정 메뉴를 요청하면 최대한 반영해서 준비해 준다. 단, 재료가 있을 시에만 가능하다. 예약은 전화와 카카오채널을 이용하면 된다.

ONE MORE 주변의 다른 맛집

명리동식당 흑돼지자투리고기, 흑돼지삼겹살
제주시 한경면 녹차분재로 498 064-772-5571

명리동식당

barbecue

◎ 제주시 한경면 녹차분재로 498 ☎ 064-772-5571 ◷ 11:30~21:00(브레이크타임 15:00~16:00, 주문 마감 20:00, 월요일 휴무) Ⓜ 흑돼지자투리고기, 흑돼지삼겹살, 김치전골(뚝배기)
₩ 흑돼지자투리고기 200g 14,000원, 김치전골 1인분 6,000원 🚗 전용 주차장

연탄불에 구워 먹는 흑돼지자투리고기

명리동식당은 제주 자투리고기의 원조이자 제주 고메 위크의 '현지인 맛집 50'에 선정된 맛집이다. 자투리고기는 말 그대로 고기를 정량으로 손질하고 남은 자투리 부위를 모아 놓은 것을 말한다. 오히려 맛있고 좋은 부위를 뒤로 빼돌려 모았다고 해서 뒷고기라고도 불린다. 간혹 고기의 질이 떨어지지 않을까 걱정하는 이들이 있지만, 돼지를 중산간 목장에서 키우기 때문에 자투리고기라 해도 질이 좋고 잡냄새가 나지 않는다. 무엇보다 기름기가 많은 부위, 살코기, 껍데기 등 다양한 부위를 저렴한 가격에 맛볼 수 있어 매력적이다. 이 집의 또 다른 인기 메뉴는 김치전골이다. 인심 좋게 넉넉히 들어간 돼지 뒷다리살은 부드럽고 육즙과 김치의 감칠맛이 우러난 국물 덕에 술잔이 빠르게 채워진다. 한경면에 본점이, 애월읍 고내리포구애월읍 애월해안로 384-8, 064-799-5888, 목요일 휴무와 구좌읍 평대리일주동로 3010-17, 064-783-2225, 수요일 휴무에 직영지점이 있으며, 12시와 6시 무렵에는 기다릴 수 있다.

ONE MORE 주변의 다른 맛집

탐라반상 한식 뷔페
◎ 제주시 한경면 녹차분재로 571 ☎ 0507-1337-2070

웃뜨르우리돼지 흑돼지오겹살, 흑돼지목살
◎ 제주시 한경면 연명로 2 ☎ 064-772-5992

한라산아래첫마을 영농조합법인 제주메밀식당

noodles

서귀포시 안덕면 산록남로 675 064-792-8259 10:30~18:30 (11~3월은 10:30~18:00, 휴식 시간 15:30~16:00, 월요일 휴무) 메밀비빔자작면, 메밀물냉면, 메밀비빔면 ₩ 10,000원(1인 기준) 전용 주차장 5월과 10월에 메밀축제가 열린다. 카페도 운영하며, 메밀 가공식품도 판매한다.

백반기행에 나온 바로 그 맛집

제주도는 국내 최대 메밀 생산지이다. 이런 까닭에 오래전부터 제주도엔 메밀로 만든 향토 음식이 발달했다. 메밀 음식을 맛있게 먹고 싶다면 안덕면 광평리에 있는 한라산아래첫마을로 가자. 마을 사람들이 영농조합을 꾸리고 제주메밀식당을 운영하는데, 원래는 현지인이 더 많이 찾는 도민 맛집이었으나, 식객 허영만이 백반기행에서 탤런트 고두심과 함께 출연하면서 여행자에게도 많이 알려졌다. 해발 500m, 족은대비오름과 이웃한 이곳은 제주에서 메밀을 최초로 재배한 마을이다. 이 집 메밀면은 주민들이 재배한 메밀을 직접 제분하고 제면한 것이다.

인기가 가장 많은 음식은 메밀비빔자작면이다. 메밀면, 들깨, 참깨, 나물, 김 등을 간장 베이스 소스로 비벼 먹는데 맛과 식감, 메밀 향의 조화가 좋다. 게다가 들깨와 참깨의 고소함이 먹는 내내 입을 즐겁게 한다. 메밀물냉면은 면과 오랜 시간 우려낸 한우 육수의 조합이 잘 어울린다. 맛이 깔끔하고 풍미가 깊은데, 잘 만든 평양냉면을 먹는 기분이 든다. 메밀면은 유기에 담아 내오는데, 그릇이 고급스러우니 돈 내고 먹는데도 대접받는 느낌이 든다. 메밀비빔면, 메밀만두, 메밀전도 많이 찾는다. 한우맑은곰탕도 판매하는데 메밀 맛집일 뿐 아니라 의외로 곰탕 맛집이라고 평가하는 여행자도 많다.

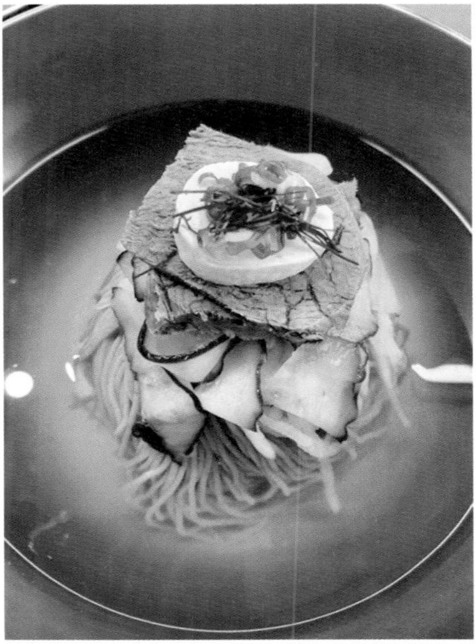

ONE MORE 주변의 다른 맛집

탐라반상 한식 뷔페
제주시 한경면 녹차분재로 571
0507-1337-2070

웃뜨르우리돼지 흑돼지오겹살, 흑돼지목살
제주시 한경면 연명로 2 064-772-5992

산방식당

noodles

서귀포시 대정읍 하모이삼로 62 064-794-2165
11:00~18:00(수요일 휴무) 밀냉면, 수육
₩ 1인 8,000~15,000원 주차 가능

제주 밀면의 원조

밀면하면 부산이지만, 의외로 제주에도 밀면 맛집이 꽤 많이 있다. 밀가루 면을 사용하고 수육을 고명으로 내는 점은 부산 밀면과 비슷하지만, 제주식 밀면은 면이 굵고 멸치육수와 돼지 육수를 섞어 사용하는 것이 특징이다. 부산 밀면보다 육수가 부드러운 편으로 마지막 한 입까지 깔끔한 맛을 유지한다. 밀면은 도민과 여행객에게 두루 사랑받는 음식이다. 산방식당은 밀면 인기의 중심에 있다. 원래는 백반집이었다가 나중에 메뉴에 밀면을 추가했는데 결과는 대성공이었다. 주문과 동시에 뽑는 쫄깃한 면발과 푸짐하게 얹은 수육 고명, 그리고 이 집만의 비율로 멸치와 고기 육수를 섞은 육수 맛이 입소문이 나 40년째 밀면만 판매하고 있다. 고기를 얹은 밀면 한 젓가락을 입에 넣으면 입가에 미소가 절로 퍼진다. 밀면의 단짝인 수육도 잊지 말자. 얇고 부드러운 고기가 입안에서 사르르 녹는다.

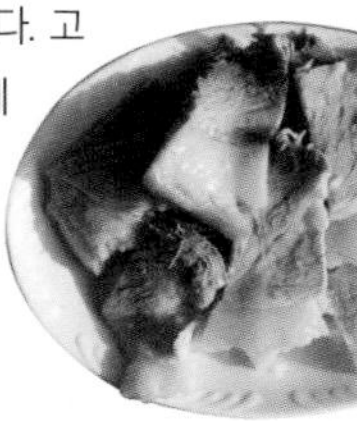

ONE MORE 주변의 다른 맛집

제2덕승 갈치조림, 객주리조림, 갈치구이 서귀포시 대정읍 최남단해안로30번길 4 064-792-2521

옥돔식당 보말전복손칼국수
서귀포시 대정읍 신영로36번길 62 064-794-8833

글라글라하와이

hawaiian

서귀포시 대정읍 하모항구로70 0507-1410-2737

11:30~23:00(브레이크타임 15:00~17:00, 매주 화요일 휴무)

피시앤칩스, 피시버거 ₩ 13,000~19,000원 길가 주차 @glaglahawaii

맥주와 환상 궁합 자랑하는 피시앤칩스

제주도 해산물이 신선하다 해도 회, 조림, 찜을 연이어 먹으면 질리기 마련이다. 모슬포항 근처에 있는 글라글라하와이는 이럴 때 갈만한 곳이다. 이국적인 분위기에서 새롭고 이국적인 해산물을 즐길 수 있다. 유명 횟집이 즐비한 거리에서 유독 알록달록한 모습으로 시선을 사로잡는다. 내부로 들어서면 인테리어와 소품, 음악까지 하와이 분위기가 물씬 풍긴다. 대표 메뉴는 피시앤칩스와 버거이다. 피시앤칩스는 흰 살 생선에 두꺼운 튀김옷을 입혀 튀겨낸 요리를 말한다. 이곳에서는 한치, 방어, 은갈치 등 제주의 특색이 담긴 다양한 피시앤칩스를 맛볼 수 있다. 입안에 바삭하고 짭조름한 맛이 퍼지면 맥주를 주문하지 않을 수 없다. 하와이안해물찜도 인기가 좋다. 토마토소스에 딱새우, 뿔소라, 홍합, 옥수수를 한 데 넣고 쪄낸다. 미국 남부식 해물찜인 보일링크랩과 비슷하다.

ONE MORE 주변의 다른 맛집

제2덕승 갈치조림, 객주리조림, 갈치구이 서귀포시 대정읍 최남단해안로30번길 4 064-792-2521

옥돔식당 보말전복손칼국수 서귀포시 대정읍 신영로36번길 62 064-794-8833

제2덕승

seafood

서귀포시 대정읍 최남단해안로30번길 4 064-792-2521
08:00~21:00 갈치조림, 객주리조림, 갈치구이
₩ 1인 15,000원~30,000원 주차 가능

도민이 인정하는 조림 맛집

제2덕승은 도민과 여행객 모두에게 칭찬받는 조림 맛집이다. 제주 토박이인 어머니가 모슬포항에서 20년 넘게 덕승식당을 운영하다가 손님들에게 편안하고 쾌적한 공간을 제공하기 위해 제2덕승을 냈다. 가게 이름은 아들이 직접 운영하는 배 '덕승호'에서 따왔다. 자연산 생선과 해산물을 잡는 아들과 정성스럽게 음식을 만드는 어머니의 손맛이 '덕승'이라는 브랜드를 탄생시켰다. 제2덕승은 갈치조림, 고등어조림, 우럭조림 등 다양한 조림과 탕 메뉴를 전문으로 한다. 비법 양념과 해산물을 넉넉히 넣어 어떤 종류의 조림을 먹어도 밥 한 공기가 뚝딱이다. 도민들이 즐겨 찾는 메뉴는 객주리조림이다. 객주리는 쥐치의 제주 방언으로 쫄깃한 살점과 담백한 맛이 일품이다. 갈치구이를 비롯한 생선구이와 한치물회, 자리물회, 방어 등 제철 메뉴도 맛볼 수 있다.

ONE MORE 주변의 다른 맛집

옥돔식당 보말전복손칼국수
서귀포시 대정읍 신영로36번길 62 064-794-8833

미영이네식당 고등어회
서귀포시 대정읍 하모항구로 42 064-792-0077

미영이네식당

seafood

서귀포시 대정읍 하모항구로 42 064-792-0077

11:30~22:00(마지막 주문 20:30, 매주 수요일 휴무)

고등어회, 고등어구이 ₩ 13,000원~77,000원 주차 가능 포장 가능

고등어에 진심인 찐 맛집

모슬포항 부둣가에 있는 고등어회 전문점이다. 고등어회와 고등어구이만 적힌 단출한 메뉴판만 봐도 찐 맛집임을 알 수 있다. 싱싱한 고등어는 전혀 비리지 않다. 살점이 탱글탱글하고 고소하다. 워낙 기름이 많은 생선이라 여러 점 먹으면 느끼한데, 특제 양념장으로 만든 채소무침과 담백한 김이 느끼함을 잡아주어 많이 먹어도 질리지 않는다. 이 집의 또 다른 인기 비결은 고등어탕이다. 이곳에서만 맛볼 수 있는 특별 메뉴이다. 회를 다 먹어갈 때쯤 나온다. 고등어, 배추, 고추 등을 넣고 끓여 개운하고 속을 든든하게 채워준다. 기름지지 않은 추어탕 맛인데 묘하게 중독성이 있다. 고등어탕 때문에 회를 먹는 단골손님이 많을 정도이다. 여름에는 물회를, 겨울철10월~3월엔 방어도 맛볼 수 있다.

ONE MORE 주변의 다른 맛집

옥돔식당 보말전복손칼국수

서귀포시 대정읍 신영로36번길 62

064-794-8833

제2덕승 갈치조림, 객주리조림, 갈치구이

서귀포시 대정읍 최남단해안로30번길 4

064-792-2521

옥돔식당

noodles

◎ 서귀포시 대정읍 신영로36번길 62 ☏ 064-794-8833
🕓 11:00~16:00(재료 소진 시 조기 마감, 수요일 휴무) Ⓜ 보말전복손칼국수
₩ 1인 10,000원 🚗 전용 주차장 ⓘ 노벨문학상 수상자가 극찬한 맛

자연산 전복을 더한 레전드 보말칼국수

요즘 들어 고기국수 못지않게 보말칼국수가 여행자들에게 사랑받고 있다. 제주 미식 여행에서 빠질 수 없는 독특한 제주 향토 음식으로, 보말칼국수 특유의 담백한 깊은 맛에 빠지면 쉽게 헤어 나올 수 없다. 제주도 곳곳에 보말칼국수 맛집이 생겨나고 있지만, 역시 보말칼국수는 옥돔식당이 으뜸이다. 쫄깃한 수제 면과 깊은 보말 국물 맛 하나로 자존심을 이어오고 있다. TV 프로그램 <수요미식회>와 노벨문학상 수상자인 프랑스 소설가 르 클레지오Jean Marie Gustave Le Clezio가 극찬했다. 이 집 맛의 비결은 보말 내장이다. 주문이 들어오면 보말 내장을 터뜨려 국물을 우려낸다. 덕분에 조리 시간이 20분 이상 걸리지만, 기다림을 배신하지 않는다. 보말 국물의 깊은 맛에 감탄할 수밖에 없다. 예전에는 보말만 사용했는데, 최근에는 전복을 더한 보말전복손칼국수로 업그레이드 됐다. 고소함과 영양은 배가 되고 깔끔하고 담백한 맛은 예전 그대로이다.

ONE MORE 주변의 다른 맛집

미영이네식당 고등어회 ◎ 서귀포시 대정읍 하모항구로 42 ☏ 064-792-0077
제2덕승 갈치조림, 객주리조림, 갈치구이 ◎ 서귀포시 대정읍 최남단해안로30번길 4 ☏ 064-792-2521

춘미향

local food

◎ 서귀포시 안덕면 산방로 382 ☏ 064-794-5558 ◷ 11:30~20:30 (수요일 휴무, 브레이크타임 15:00~17:30)
Ⓜ 춘미향정식, 고기정식, 흑돼지두루치기, 전복성게미역국, 생선김치찜
₩ 춘미향정식 23,000원, 흑돼지두루치기 10,000원, 전복 성게 미역국 12,000원 🚗 가게 앞 갓길 주차

성게미역국

제주 대표 먹거리가 한 상에

춘미향은 산방산 근처에 있는 도민 맛집이다. 정성 가득한 제주 식탁을 그대로 옮겨 놓은 듯한 정식 메뉴로 유명하다. 춘미향정식은 두툼한 목살, 보말미역국, 옥돔구이, 신선하고 쫀득한 딱새우까지 제주 대표 먹거리를 푸짐하게 담았다. 한마디로 제주 먹거리 종합선물세트이다. 신선한 목살을 무쇠판에 굽기 때문에 육즙은 가득하고 기름기가 쫙 빠져 담백하다. 점심 메뉴로 너무 무겁지 않고 든든한 한 끼가 된다. 춘미향정식을 간소화한 고기정식은 점심 한정 메뉴로 인근 직장인들에게 인기가 좋아 일찍 마감된다. 맛과 가성비 어느 것도 놓치지 않은 흑돼지두루치기도 훌륭하다. 시큼하게 익은 김치가 넉넉하게 들어가서 깔끔하고 감칠맛이 돈다. 전복성게미역국, 몸국, 생선김치찜 등 단품 메뉴와 여럿이 먹기에 양이 충분한 갈치조림도 있다. 산방산 여행객들과 인근 직장인들로 점심시간에는 늘 붐빈다. 점심시간에 방문하려면 조금 서두르는 편이 좋다.

ONE MORE 주변의 다른 맛집

소봉식당 미소가츠정식, 치킨남반정식
◎ 서귀포시 안덕면 사계로 191 ☏ 070-8147-1418

화순평양면옥 평양냉면
◎ 서귀포시 안덕면 화순로 128 ☏ 064-792-0215

소봉식당

Japanese food

서귀포시 안덕면 사계로 191 070-8147-1418

11:30~20:00(브레이크타임 15:30~17:30)

미소가츠정식, 치킨남반정식 ₩ 1인 20,000~28,000원 주차 가능 @jeju_sobong

밥맛이 좋은 미소가츠정식

김소봉 셰프가 운영하는 레스토랑으로 일본 가정식을 선보인다. 사계 해안에서 자동차로 5분 거리에 있다. 소봉식당을 한마디로 표현하자면 '밥맛이 좋은 식당'이다. 까다롭게 엄선한 질 좋은 쌀과 무쇠솥으로 밥을 짓는다. 탁 트인 오픈 형 주방 앞에 거대한 무쇠솥 세 개가 놓여 있는데, 음식을 내기 직전에 밥을 퍼서 담아낸다. 셰프다운 발상과 세심함이다. 밥을 먹으면 입안에 단맛과 곡향이 가득 퍼진다. 화려한 시그니처 메뉴를 앞다퉈 선보이는 세상에 기본 중의 기본인 밥에 정성을 들일 정도니 음식 맛은 두말하면 잔소리다. 미소가츠정식, 부드러운 닭튀김 요리인 치킨남반정식, 살치살로 만든 비프정식이 있는데, 인기 메뉴는 된장 소스로 맛을 낸 미소가츠정식이다. 수북이 쌓은 채소 위에 두툼한 돈가스를 얹어 낸다. 달콤한 특제 된장 소스가 육즙과 어우러지면 남녀노소 모두가 좋아하는 맛이 완성된다.

ONE MORE 주변의 다른 맛집

춘미향 춘미향정식, 흑돼지두루치기, 생선김치찜

서귀포시 안덕면 산방로 382 064-794-5558

화순평양면옥 평양냉면

서귀포시 안덕면 화순로 128 064-792-0215

산방산초가집

seafood

서귀포시 안덕면 화순해안로 189 064-792-0688
11:00~20:00(브레이크타임 15:30~17:00, 목요일 휴무) 초가집밥상, 전복해물전골
₩30,000원~45,000원(2인 기준) 가게 앞 갓길 주차 @sanbangsan_chogajib

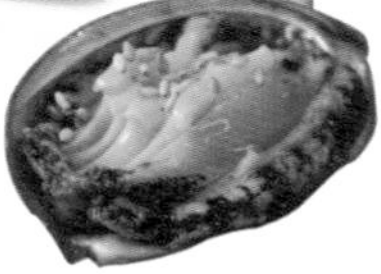

엄마와 같이 먹고 싶은 해산물 정식

맛있는 음식을 먹을 때 부모님이 생각날 때가 있다. 화려한 시그니처 메뉴나 쉽게 접할 수 없는 진귀한 메뉴는 아니지만, 정성스럽고 정갈한 음식을 보면 유독 그런 마음이 든다. 같이 왔으면 참 좋아하셨겠다, 다음엔 꼭 같이 와야겠다 하는 마음. 산방산초가집은 그런 곳이다. 가족을 위해 애쓴 부모님께 선물하고 싶은 한상차림, 영양 만점 보양 메뉴가 주를 이룬다. 풍성한 해산물을 원한다면 전복해물전골을, 여러 가지 메뉴를 골고루 맛보고 싶다면 초가집밥상을 추천한다. 2인 이상 주문해야 한다.
초가집밥상은 전복해물전골이 메인인 해산물 정식이다. 전복죽, 전복회, 전복구이, 딱새우장, 고등어구이, 그리고 기본 밑반찬을 곁들여 낸다. 칼칼한 해물전골 한입, 오독오독한 전복회 한입, 고소한 고등어구이 한입을 먹으면 입안에 제주의 맛이 축제를 벌인다. 어느덧 밥 한 공기가 뚝딱 비워진다. 전복해물전골은 초가집밥상에 나오는 전골보다 양이 많다. 문어, 전복, 고등어 등을 추가할 수 있다. 육수가 진하게 우러나면 K-전골의 하이라이트를 느낄 수 있다. 칼국수면 또는 라면 사리 추가도 잊지 말자. 올레 10코스의 마지막 지점인 화순금모래해변에서 도보로 15분 거리에 있어 걷기 여행 후 식사 장소로 좋다.

ONE MORE 주변의 다른 맛집

화순평양면옥 평양냉면
서귀포시 안덕면 화순로 128 064-792-0215

빌레왓 파스타, 카르보나라, 햄버거
서귀포시 안덕면 화순서동로 14 0507-1366-3939

소봉식당 미소가츠정식, 치킨남반정식
서귀포시 안덕면 사계로 191 070-8147-1418

화순평양면옥

noodles

서귀포시 안덕면 화순로 128 064-792-0215
매일 10:30~17:00(격주 일 휴무) 평양냉면 ₩ 10,000원(1인 기준)
인근 공영주차장 일요일은 인스타그램 또는 출발 전에 영업 여부 전화 확인 @ljm0973

육수와 메밀면의 조화가 남다르다

제주에는 국수와 밀면을 파는 식당은 많지만, 냉면을 파는 음식점을 찾기가 무척 어렵다. 2019년 오픈한 화순평양면옥의 존재는 그래서 가뭄에 단비와도 같다. 사장님이 평양에서 월남한 냉면의 달인에게 비법을 물려받았다. 냉면 맛은 을밀대와 우래옥의 평양냉면 맛이 적당히 섞여 있다. 평양냉면은 육수가 생명이다. 진한 육향을 머금은 이 집 육수는 구수한 메밀 향과 잘 어울린다. 제주산 메밀로 만든 면발은 일반 냉면보다 굵다. 육수와 메밀면의 조화가 완벽한 냉면 맛집이다. 고명으로 올라오는 수육은 기름기가 거의 없고 고소한 맛이 난다. 정직한 맛이라 평양냉면 초보자들도 거부감 없이 먹을 수 있다.

화순평양면옥은 문을 연 지 오래되지 않아 현지인과 냉면 마니아에게만 알려져 있다. 관광객들로 북적이는 식당보다 숨겨진 맛집을 찾아 여유롭게 평양냉면을 즐기는 것도 제주여행의 큰 즐거움이 될 것이다.

ONE MORE 주변의 다른 맛집

산방산초가집 초가집밥상, 전복해물뚝배기, 전복구이
서귀포시 안덕면 화순해안로 189 0507-1442-0688
빌레왓 파스타, 그라탕, 햄버거
서귀포시 안덕면 화순서동로 14 0507-1366-3939

빌레왓

Italian food

서귀포시 안덕면 화순서동로 14 064-794-3939
11:00~20:00(재료 소진 시 조기마감, 수요일 휴무)
산방산버거, 보말파스타. 그라탕 ₩ 6,000~15,000원(1인 기준) 가능 @villewat

산방산 뷰와 함께 즐기는 햄버거와 보말파스타

빌레왓은 제주 식재료를 활용해 독특한 메뉴를 선보이는 이탈리안 레스토랑 겸 카페이다. 산방산에서 차로 5분 거리에 있다. 감귤 나무 사이로 난 길을 따라 가게로 들어서면 넓고 깔끔한 실내가 방문객을 반긴다. 날씨가 좋은 날엔 아기자기하게 꾸민 정원의 야외테이블에서 산방산 뷰를 즐길 수 있다. 대표 메뉴로는 산방산버거와 보말파스타가 있다. 이름에서도 알 수 있듯이 산방산을 닮은 산방산버거는 일반적인 햄버거 빵을 사용하지 않고 칼조네Calzone, 밀가루 반죽 사이에 고기·치즈·채소 등을 넣고 만두처럼 만들어 오븐에 구운 이탈리아 요리처럼 얇은 빵이 내용물을 감싸고 있다. 버거를 반으로 자르면 육즙 가득한 패티와 신선한 채소가 모습을 드러낸다. 맛은 두말하면 잔소리. 세트메뉴를 시키면 음료와 샐러드가 함께 나온다. 보말파스타는 봉골레와 보말을 주재료로 칼칼하게 맛을 냈다. 조개술찜에 파스타 면을 넣은 맛과 비슷하다. 이밖에도 전복보말리소토, 성게알파스타 등 제주의 풍미를 더한 메뉴들이 많다.

ONE MORE 주변의 다른 맛집

산방산초가집 초가집밥상, 전복해물뚝배기, 전복구이
서귀포시 안덕면 화순해안로 189 0507-1442-0688

화순평양면옥 평양냉면
서귀포시 안덕면 화순로 128 064-792-0215

춘심이네 본점

seafood

◎ 서귀포시 안덕면 창천중앙로24번길 16 ☏ 064-794-4010
◷ 매일 10:30~20:00 (브레이크타임 15:30~17:00) Ⓜ 피자, 수제맥주, 와인 ₩ 80,000원~110,000원(2~3인 기준) 🚗 전용 주차장 ⓘ 근처에 군산오름이 있다

서남부의 최고 갈치 맛집

갈치구이와 갈치조림. 제주도에서 여행자들 사이에서 인기를 끄는 요즘 대세 메뉴는 갈치 음식이다. 특히 통갈치구이, 통갈치조림처럼 갈치를 토막 내지 않고 통째로 굽거나 조리는 게 요즘 트렌드이다. 전복 음식, 햄버거, 고사리육개장과 더불어 인기의 우열을 가리기 힘들 정도다. 몇 년 전부터 갈치 음식이 인기를 끌더니 이제는 권역별로 줄 서는 갈치 맛집이 최소 한두 군데는 꼭 있다. 춘심이네 본점은 서귀포 서남부에서 가장 인기가 많은 갈치 맛집이다. 대표 메뉴는 갈치조림과 통갈치구이이다. 갈치구이는 직원이 먹기 좋게 가시를 발라준다. 겉은 짭짤하고 속살은 담백하고 고소하다. 그냥 먹어도 좋지만, 양파랑 같이 먹으면 더 맛있다. 갈치조림도 구이만큼이나 인기가 많다. 조금 단 듯하지만 멸치볶음, 메추리알, 김치전 등 같이 나오는 반찬도 정갈하고 맛있다.

ONE MORE 주변의 다른 맛집

빌레왓 파스타, 카르보나라, 햄버거
◎ 서귀포시 안덕면 화순서동로 14 ☏ 064-794-3939

제주진미마돈가 본점

barbecue

서귀포시 안덕면 대평감산로17 064-738-2346
11:00~22:00(브레이크타임 15:30~17:00, 마지막 주문 21:00, 수요일 휴무)
말고기코스요리, 말갈비탕, 흑돼지고기 ₩1인 25,000~35,000원 가능

다채롭게 코스로 즐기는 말고기

제주도 음식 중에서 가장 호기심을 자극하는 메뉴는 말고기 아닐까. 제주진미마돈가는 해안절벽 박수기정으로 유명한 안덕면 대평리에 있다. 다양한 부위를 코스 요리로 맛볼 수 있는 곳으로, 작은 찻잔에 담긴 말엑기스와 죽이 식사의 시작을 알린다. 엑기스는 첫입엔 쌉싸름한 맛이 나고 뒷맛이 달콤해 입맛을 돋운다. 말고기 사시미와 육회, 초밥이 나오면서 본격적인 식사가 시작된다. 육질이 소고기와 제법 비슷하다. 특유의 냄새가 나지 않는다. 질기지 않고 생각 이상으로 부드럽고 담백하다. 말 차돌박이를 올린 초밥은 다른 고기에서는 맛볼 수 없는 맛이 난다. 이어 말고기 가스와 냉채, 찜이 나온다. 편육으로 만든 냉채는 산뜻하고 찜은 갈비찜과 비슷하다. 요리의 마지막은 말고기구이가 장식한다. 1인일 경우 주방에서 구워 철판에 내고, 2인부터 화로에서 구워 먹을 수 있다. 날것으로 먹을 때보다 살짝 질기지만 말고기의 육즙을 제대로 느낄 수 있다. 제주산 말만 사용한다. 제주시 노형동에 2호점제주시 정존3길 2, 수요일 휴무이 있다.

ONE MORE 주변의 다른 맛집과 카페

까사디노아 피자, 수제맥주, 와인
서귀포시 안덕면 대평로 42 064-738-1109

카페루시아 본점
서귀포시 안덕면 난드르로 49-17 064-738-8879

까사디노아

pizza

서귀포시 안덕면 대평로 42 064-738-1109

매일 11:30~21:00(브레이크타임 15:00~17:00, 일·월 휴무) 피자, 수제맥주, 와인

₩ 2인 20,000원~30,000원 대평포구에 주차(식당까지 도보 2분)

근처로 제주올레 9코스가 지난다 @casadinoa_jeju

제주에서 즐기는 정통 이탈리아 피자

서귀포가 숨겨놓은 보물 같은 마을 안덕면 대평리에 있다. 원래 까사디노아는 서울의 연남동에 있던 라자냐와 뇨키gnocchi, 이탈리아의 요리로 주로 감자 반죽을 빚어 만든 덤플링의 일종이다. 맛집으로 이름을 날렸으나, 몇 해 전 제주도로 이전하면서 로마식 피자인 '핀사' 맛집으로 변신했다. 이탈리아 상공회의소가 인증한 레스토랑으로, 방송인 알베르토가 추천한 곳이다. 핀사는 보통 피자와 달리 반죽을 밀가루·쌀가루·콩가루를 섞어 만든다. 밀가루는 이탈리아에서 직수입한 걸 사용한다. 아주 소량의 이스트로 최소 24시간 이상 발효하므로, 칼로리가 낮고 소화가 아주 잘 된다. 겉은 바삭하고 속은 촉촉한 맛을 경험할 수 있다. 주요 메뉴는 알오리지네, 라 모르따짜, 라 클라시카, 라 파르미자나
인 베르데이다. 피자는 크기가 작은 편이다.
여럿이 가면 다양한 피자를 주문해 먹을 수 있어서 좋다.

ONE MORE 주변의 다른 맛집과 카페

제주진미마돈가 본점 말고기코스요리, 말갈비탕
서귀포시 안덕면 대평감산로 17
064-738-2346(흑돼지고기, 말고기)

카페루시아 본점
서귀포시 안덕면 난드르로 49-17 064-738-8879

서부권 베이커리와 디저트 카페

카페노티드 제주

제주시 애월읍 애월로1길 24-9 0507-1362-9377
매일 10:00~20:00 딸기크림도넛, 제주청귤도넛, 제주녹차도넛 ₩ 10,000원 안팎(1인 기준)
근처 공영주차장 @cafeknotted

도넛 열풍을 몰고 오다

한담해변의 애월카페거리에 있는 도넛 전문점이다. 도넛은 설탕 범벅이라는 고정관념을 깼다. 젊은 소비자들 사이에 도넛 열풍을 몰고 온 브랜드로 연남점, 안국점에서도 웨이팅이 기본일 만큼 인기가 많다. 달큼함과 담백함 사이에 있는 맛이다. 딸기크림도넛, 제주청귤도넛, 제주녹차도넛, 우유생크림도넛 등 종류가 다양하다. 스콘, 크로와상, 브라우니도 즐길 수 있다. 주문과 예약은 네이버, 카카오톡 플러스친구 '카페노티드 제주'로 가능하다. 당일 픽업이 기본이다.

애월빵공장앤카페

제주시 애월읍 금성5길 42-15 064-799-5959
매일 09:00~22:00(마지막 주문 19:30)
현무암쌀빵, 화산석쇼콜라, 치즈바케트, 한라봉무스
₩ 15,000원 안팎(1인 기준) 전용 주차장 @jeju_dessert

유기농 빵을 만드는 오션 뷰 베이커리 카페

곽지해수욕장 옆에 있는 베이커리 카페이다. 현무암쌀빵, 화산석쇼콜라, 한라봉무스 등 특이하고 제주 감성이 스며든 메뉴가 많다. 신선한 빵을 만들기 위해 방부제와 화학보존제를 사용하지 않는다. 유기농 밀가루를 사용하여 천연발효종으로 빵을 만든다. 그리고 건강한 빵을 만들기 위해 100% 순수 우유 버터와 무가당 생크림을 사용한다. 건강과 자연주의를 강조해서일까? 디저트 대부분이 신선하고 담백하다. 한 가지 단점이라면 가격이 좀 비싸다는 것이다.

오지힐 제주

◎ 제주시 한경면 일주서로 4469 ☏ 0507-1345-0541
☾ 매일 10:30~20:00(마지막 주문 19:00)
Ⓜ 케이크, 파블로바, 타르트, 커피, 카모마일
₩ 15,000원 안팎(1인 기준) 🚗 전용 주차장
ⓘ 반려동물 동반 가능 ◎ @aussiehill_jeju_

한경해변의 호주 스타일 디저트 카페

한남동에서 인기를 끌고 있는 오지힐이 제주에도 내려왔다. 호주식 디저트를 지향하는 카페로, 한경면의 신창 풍차해안이 코앞에 있다. 내부 분위기도 어딘가 호주적이다. 대표 메뉴는 파블로바이다. 파블로바는 호주와 뉴질랜드의 국민 디저트이다. 머랭거품 과자의 일종으로 달걀 흰자위에 설탕을 넣어 거품 낸다. 위에 생크림과 여러 과일을 올린 디저트로, 러시아의 전설적인 무용수 안나 파블로바에서 이름을 따왔다. 스콘, 케이크, 치아바타, 에그타르트도 맛있다.

미쁜제과

◎ 서귀포시 대정읍 도원남로 16
☏ 070-8822-9212 ☾ 매일 09:00~20:00
Ⓜ 베이커리, 케이크, 쿠키, 감귤주스
₩ 10,000원 안팎(1인 기준) 🚗 전용 주차장
◎ @mippeun_jeju

바다가 보이는 한옥 베이커리 카페

대정읍 신도리에 있는 한옥 베이커리이다. 미쁜은 순우리말로 '믿을 만하다'는 뜻이다. 빵이나 음료만큼이나 멋스러운 한옥도 인기를 끌고 있다. 프랑스 유기농 밀가루와 3~7일 자연 숙성한 천연발효종으로 빵을 만든다. 토끼 모양 귀가 달린 레빗 케이크, 요거트 머랭 쿠키, 감귤주스, 제주말차주스 등이 인기 메뉴다. 바다가 보이는 2천 평의 정원도 미쁜제과의 매력이다. 잔디밭, 나무 의자, 그네 등이 있어서 야외에서 소풍을 즐기며 디저트를 먹을 수 있다.

East side of Jeju
PART 4
동부권
조천읍·구좌읍 맛집
성산읍·표선면·남원읍 맛집
동부권 베이커리와 디저트 카페

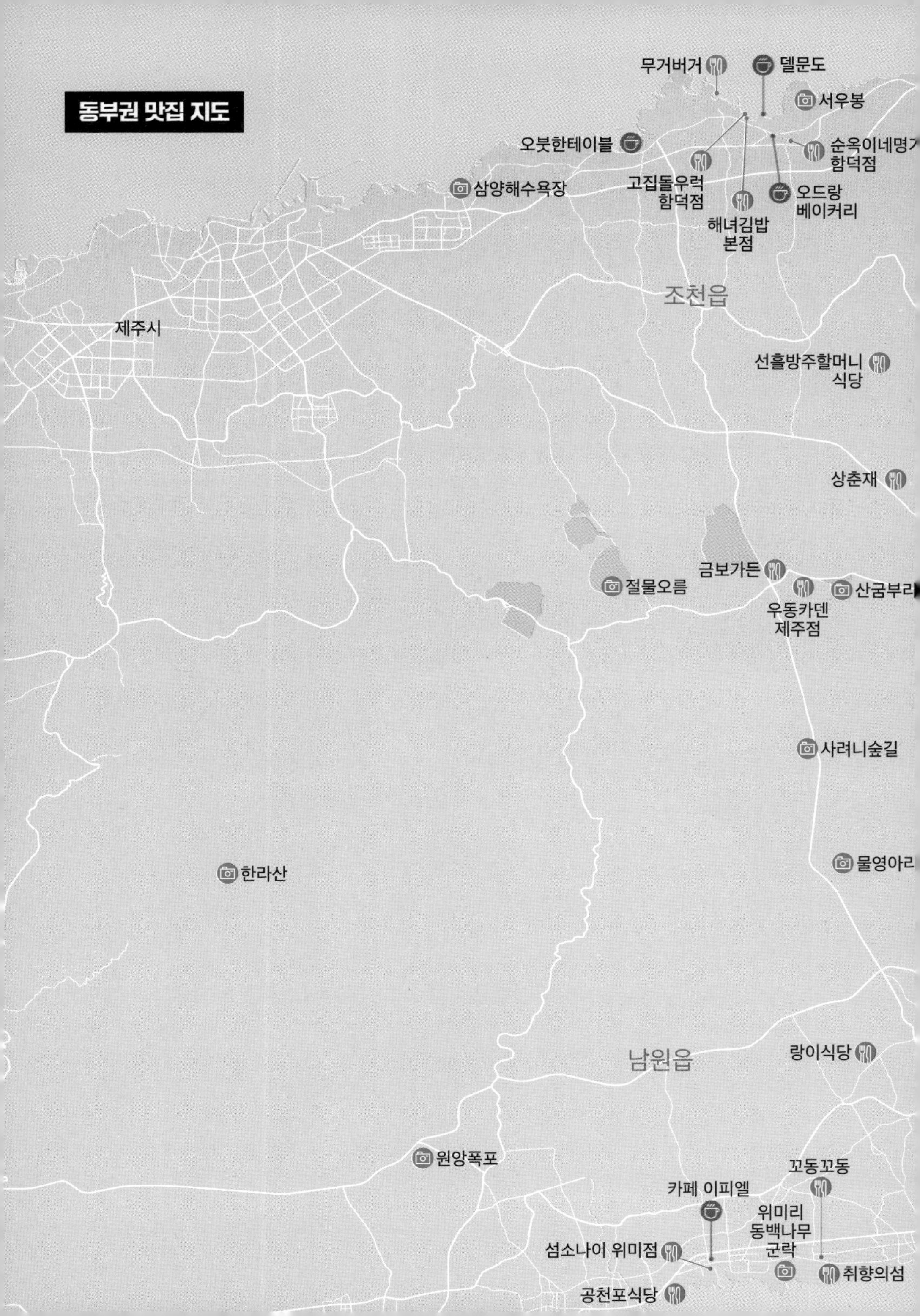
동부권 맛집 지도
무거버거
델문도
서우봉
오붓한테이블
순옥이네명가 함덕점
삼양해수욕장
고집돌우럭 함덕점
오드랑 베이커리
해녀김밥 본점
조천읍
제주시
선흘방주할머니 식당
상춘재
금보가든
절물오름
우동카덴 제주점
산굼부리
사려니숲길
한라산
물영아리
남원읍
랑이식당
원앙폭포
꼬동꼬동
카페 이피엘
위미리 동백나무 군락
섬소나이 위미점
취향의섬
공천포식당

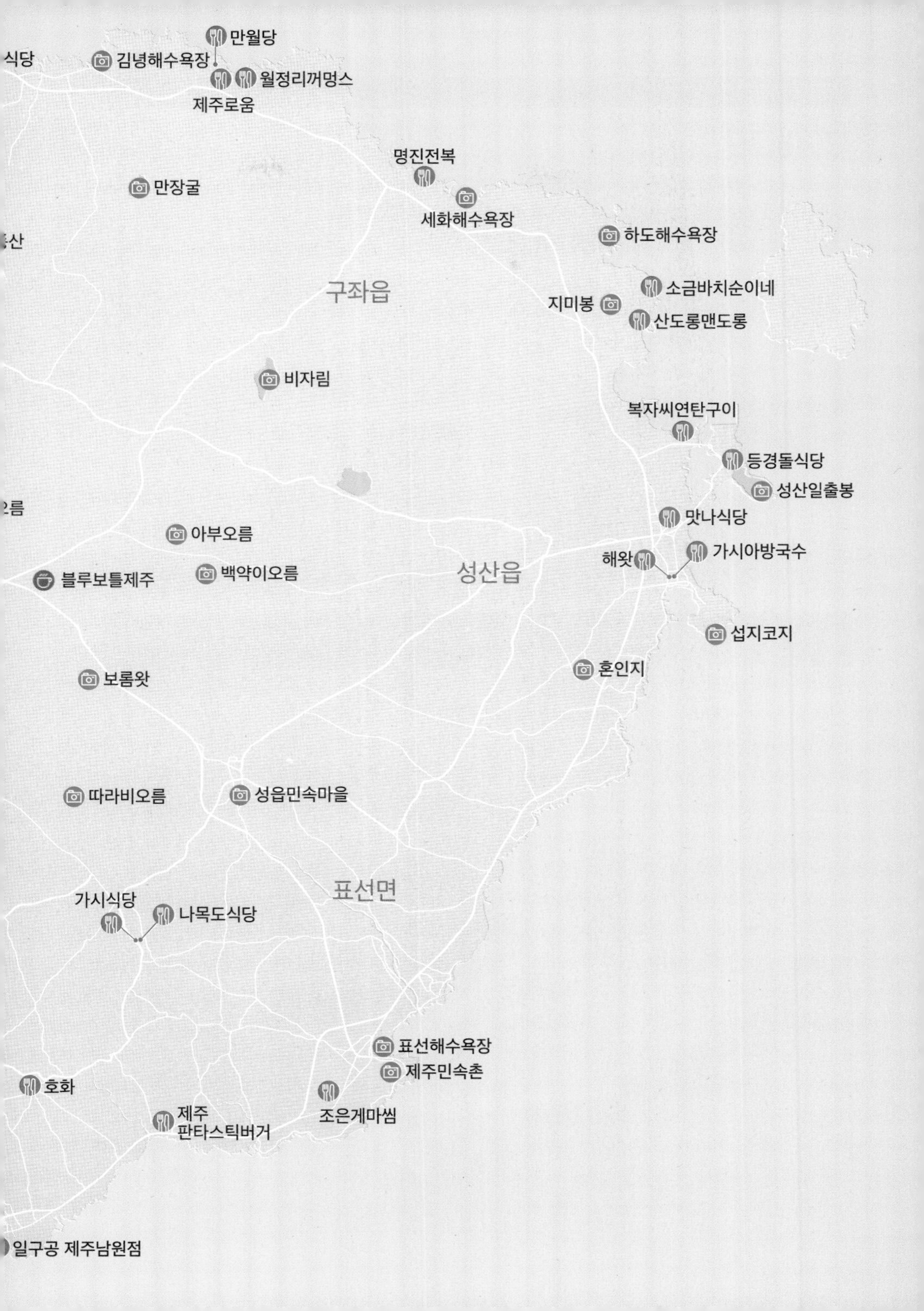

식당
김녕해수욕장
만월당
월정리꺼멍스
제주로움
명진전복
만장굴
세화해수욕장
하도해수욕장
산
구좌읍
소금바치순이네
지미봉
산도롱맨도롱
비자림
복자씨연탄구이
등경돌식당
성산일출봉
름
맛나식당
아부오름
가시아방국수
해왓
블루보틀제주
백약이오름
성산읍
섭지코지
혼인지
보롬왓
따라비오름
성읍민속마을
표선면
가시식당
나목도식당
표선해수욕장
제주민속촌
호화
조은게마씸
제주
판타스틱버거
일구공 제주남원점

무거버거

hamburger

제주시 조천읍 조함해안로 356 064-783-6060 매일 10:00~20:00(마지막 주문 19:00)
마늘버거, 마늘버거 세트, 시금치버거, 당근버거 ₩ 10,000원~15,000원(1인 기준)
전용 주차장 마당 있음, 포장 가능 @mooger_burger

함덕의 오션 뷰 수제버거 맛집

우동, 도넛, 삼치회, 오마카세……. 이즈음 제주도 여행자들 사이에서 뜨고 있는 음식들이다. 여기에 하나 더 보탠다면 햄버거를 맨 앞에 두어야 하지 않을까 싶다. 동서남북 제주도 이곳저곳에서 수제 햄버거 가게가 새롭게 문을 열고 있다. 무거버거는 제주도에 수제 햄버거 바람을 일으킨 곳이다. 제주시에서 조천읍으로 가는 길, 신흥해수욕장과 함덕해수욕장 사이 조함해안로에 있다. 에메랄드빛 바다 전망이 환상적인 오션 뷰 맛집이다. 멋진 전망에 맛과 비주얼까지 남다르니 늘 손님이 많다.

무거버거의 영업 콘셉트는 '자연과 가까운 버거'이다. 메뉴판을 보면 이해가 간다. 버거는 마늘, 당근, 시금치 세 종류로 모두 각각의 재료를 충실하게 담고 있다. 당근버거, 시금치버거, 마늘버거 중 어느 것을 골라도 맛있다. 패티가 푸짐하고 무엇보다 육즙이 잘 배어 나온다. 버거에 감자튀김과 음료를 넣은 세트를 주문할 수도 있다. 다만 마늘버거는 소스 향이 강해 아이랑 간다면 당근버거, 시금치버거를 주문해주는 게 좋겠다. 음료로는 당근쉐이크를 추천한다. 가능하면 전망대 같은 2층으로 가자. 대기해야 2층 자리를 잡을 수 있지만, 풍경이 멋지다.

ONE MORE 주변의 다른 맛집

해녀김밥 전복김밥, 딱새우김밥 제주시 조천읍 조함해안로 490 오션그랜드호텔 1층 064-782-3005

순옥이네명가 함덕점 전복물회, 전복뚝배기, 성게미역국 제주시 조천읍 함덕로 6 064-784-4813

고집돌우럭 함덕점 우럭조림, 옥돔구이 제주시 조천읍 신북로 491-9 064-783-6060

오드랑베이커리 마농바게트, 베이글, 먹물치아바타 제주시 조천읍 조함해안로 552-3 064-784-5404

고집돌우럭 함덕점

seafood

제주시 조천읍 신북로 491-9 064-783-6060
매일 10:00~21:30(브레이크타임 15:00~17:00) 우럭조림, 옥돔구이, 뿔소라미역국
₩ 2만원~6만원(1인 기준) 전용 주차장 룸과 단체석 있음

©고집돌우럭

함덕 해변의 우럭 맛집

제주에서 손꼽히는 우럭 맛집이다. 창가에 앉으면 에메랄드빛 함덕해수욕장이 시야 가득 잡힌다. 물질 경력 60년이 넘은 해녀와 어부 남편이 아들, 며느리와 같이 운영한다. 갓 지은 밥을 손님에게 대접하고, 싱싱한 제주산 재료를 사용한다는 원칙을 지킨다고 강조한다. 메뉴는 크게 런치스페셜과 디너스페셜로 나뉜다. 런치스페셜은 다시 세 종류로 나뉘고, 디너스페셜은 가격에 따라 네 가지가 있다. 어느 메뉴이든 우럭조림과 옥돔구이, 낭푼밥이 기본으로 구성된다. 낭푼밥은 양푼밥의 제주어로, 주로 해녀나 농민들 여럿이 둘러앉아 더불어 먹은 데에서 유래했다. 기본 메뉴에 가격이 높아가면 뿔소라미역국, 왕새우튀김, 돔베고기, 숙성모둠회가 추가된다. 돔베고기와 숙성모둠회는 저녁 메뉴에만 나온다. 맛도 맛이지만, 플레이팅에 신경을 써서 눈으로 먹는 즐거움도 크다. 중문과 제주시 탑동광장에 지점이 있다.

ONE MORE 주변의 다른 맛집

해녀김밥 전복김밥, 딱새우김밥
제주시 조천읍 조함해안로 490 오션그랜드호텔 1층
064-782-3005

순옥이네명가 함덕점 전복물회, 전복뚝배기, 성게미역국
제주시 조천읍 함덕로 6 064-784-4813

순옥이네명가 함덕점

seafood

제주시 조천읍 함덕로 6 064-784-4813 매일 09:00~21:00(브레이크타임 15:30~17:00, 첫째·셋째 화요일 휴무)
전복죽, 전복뚝배기, 전복물회, 성게미역국 ₩ 11,000원~25,000원(1인 기준)
가게 앞, 길 건너 공영주차장 함덕해수욕장에서 3분 거리, 포장 가능 @soonok_jejuhamdeok

함덕해수욕장의 전복 음식 전문점

해녀 출신 사장이 가족과 함께 운영하는 전복요리 전문점이다. 전복죽, 전복뚝배기, 전복물회, 성게미역국이 대표 메뉴이다. 사람들이 가장 많이 찾는 음식은 전복뚝배기이다. 먹기 알맞은 전복이 제법 많이 들어가 있다. 청양고추를 조금 넣어 칼칼한 듯 시원하다. 해장 음식으로 손색이 없다. 여름철엔 물회를 많이 찾는다. 물회는 두 가지인데, 전복물회는 전복과 해삼이 기본이고, 순옥이네 물회는 여기에 소라, 한치, 멍게, 생선회 등이 추가로 들어간다. 된장을 풀어 넣은 물회로 둘 다 구수함과 새콤달콤함이 돋보인다. 게우밥이 물회 맛을 북돋아준다. 게우밥은 전복내장으로 만든 밥을 말하는 제주어인데, 고소한 맛이 특별하다. 속이 불편하다면 전복죽이 좋겠다. 양도 많고, 맛도 고소해 놀란 위장을 달래기 그만이다. 성게미역국은 전복뚝배기와 마찬가지로 해장하기 좋고, 모둠 해산물, 전복회, 전복찜도 맛있다.

ONE MORE 주변의 다른 맛집

해녀김밥 전복김밥, 딱새우김밥
제주시 조천읍 조함해안로 490 오션그랜드호텔 1층
064-782-3005

고집돌우럭 함덕점 우럭조림, 옥돔구이
제주시 조천읍 신북로 491-9 064-783-6060

해녀김밥 본점

gimbap

제주시 조천읍 조함해안로 490 오션그랜드호텔 1층 064-782-3005
09:00~18:30(브레이크타임 15:00~17:00, 목 휴무) 전복김밥, 딱새우김밥 ₩ 7,500원(1인 기준)
식당 주변 포장과 예약 가능

제주에서만 맛볼 수 있는 김밥

요즘 함덕 해변의 해녀김밥이 SNS를 달구고 있다. 특히 고소한 전복김밥과 탱글탱글한 딱새우김밥의 인기가 좋다. 제주까지 와서 고작 김밥이라고 생각한다면 오산이다. 네모 모양이 특징인 이 집 김밥을 예쁘게 찍으려는 사람들로 가게는 늘 북새통이다. 대기시간은 반드시 감안해야 한다. 제주의 재료를 이용해 만든 김밥은 에메랄드빛 함덕 바다가 한눈에 들어오는 자리에 앉아 꼭 맛보아야 할 명물이 되었다. 전복김밥은 전복 내장으로 만든 고소한 밥에 두툼한 달걀이 조화를 이루고 있다. 김밥 하나 먹었을 뿐인데 입안 가득 퍼지는 바다 향이 좋다. 이름처럼 딱새우김밥은 주재료가 딱새우이다. 딱새우가 건강한 식재료들과 멋진 조화를 이룬다. 두 김밥 모두 누구나 아는 평범한 맛을 넘어섰다. 게다가 모양도 독특하고 색깔도 예뻐 눈을 사로잡는다. 포장 손님이 많은데 해산물이 주재료인 만큼 여름철엔 쉽게 상할 수 있으니 구매 즉시 먹는 것이 좋다.

ONE MORE 주변의 다른 맛집

순옥이네명가 함덕점 전복물회, 전복뚝배기, 성게미역국
제주시 조천읍 함덕로 6 064-784-4813

고집돌우럭 함덕점 우럭조림, 옥돔구이
제주시 조천읍 신북로 491-9 064-783-6060

금보가든

samgyetang

제주시 조천읍 비자림로 639 064-782-7158 매일 10:30~17:00
누룽지삼계탕, 토종닭, 흑돼지두루치기 ₩ 10,000원~50,000원(1인 기준)
전용 주차장 토종닭은 예약 메뉴, 단체 저녁 식사 예약 가능

'토종닭 유통 특구'의 숨은 고수

금보가든은 교래리 토종닭 유통 특구에 있는 토종닭 전문 음식점이다. 한라산 동쪽 중산간에 자리 잡은 교래리에 토종닭 음식점들이 들어선 것은 1981년부터다. 주민들이 토종닭을 사육해 음식을 만들어 팔기 시작했고 그때부터 토종닭 마을로 알려졌다. 2009년 제주도에서는 교래리 일대를 '토종닭 유통 특구'로 선포했고, 이때부터 토종닭 전문 음식점들이 더 늘어나기 시작했다. 삼계탕, 백숙, 닭칼국수, 닭 샤브샤브 등 다양한 닭 요리가 유혹한다. 금보가든은 남다른 맛과 푸짐한 양으로 도민들도 많이 찾는 지역 맛집이다. 특히 누룽지삼계탕의 인기가 많다. 깊은 국물과 푹 익어 쫀득하게 씹히는 살코기에 구수한 풍미를 더한 누룽지의 조합은 절로 감탄사가 나온다. 토종닭은 질기다는 편견이 있는데, 이 집의 닭고기는 쫄깃하면서 부드럽게 씹히는 식감이 참 좋다. 누룽지삼계탕 만큼이나 많이 찾는 흑돼지두루치기도 가성비가 좋은 편이다.

ONE MORE 주변의 다른 맛집

우동카덴 제주점 텐푸라우동, 붓카케우동, 새우튀김
제주시 조천읍 교래3길 23 064-784-6262

상춘재 꼬막비빔밥, 멍게비빔밥
제주시 조천읍 선진길 26 064-725-1557

상춘재

bibimbap

제주시 조천읍 선진길 26 064-725-1557
10:00~15:30(월·화 휴무, 주문 마감 15:20)
성게비빔밥, 멍게비빔밥, 돌문어비빔밥, 꼬막비빔밥
₩ 10,000원~20,000원(1인 기준)
전용 주차장 ⓘ 성수기 점심시간 때엔 1시간 남짓 기다릴 때가 많다.

성게비빔밥과 돌문어비빔밥

비빔밥이 진화하고 있다. 꼬막비빔밥은 이제 많이 대중화되었고, 그럼 혹시 성게비빔밥 먹어 보았는가? 돌문어비빔밥과 해삼내장비빔밥은? 돌문어비빔밥과 성게비빔밥은 그렇다 치더라도, 해삼내장비빔밥을 먹어 본 사람은 많지 않을 것이다. 조천읍의 중산간, 거문오름 근처 선흘리에 있는 상춘재는 산나물과 해산물이 어우러진 비빔밥으로 유명한 맛집이다. 상춘재? 어디서 많이 들어 본 이름 아닌가? 그렇다. 청와대 경내에 있는 전통 한옥 건물 이름이다. 가게 이름을 상춘재로 지은 까닭은 주인이 청와대에서 한식 조리사로 재직했기 때문이다. 청와대 출신 조리사라면 음식 맛은 걱정할 필요가 없겠다. 인기가 많은 메뉴는 멍게비빔밥이다. 통영 멍게에 고추장이 아니라 참기름을 넣어 비비니 고소함이 남다르다. 돌문어비빔밥도 멍게비빔밥만큼이나 많이 찾는다. 어떻게 조리했는지 돌문어가 부드럽고 찰지게 씹힌다. 성게비빔밥은 5월부터 9월까지만 판매한다. 해산물이 입에 맞지 않는다면 부추비빔밥을 선택하면 된다. 고등어구이, 전복돌솥밥도 즐길 수 있다. 비빔밥 양념도 맛이 있고, 정갈한 밑반찬도 일품이다. 상춘재의 음식엔 은근한 풍류가 녹아있다.

ONE MORE 주변의 다른 맛집

우동카덴 제주점 덴푸라우동, 붓카케우동, 새우튀김

제주시 조천읍 교래3길 23 064-784-6262

금보가든 누룽지삼계탕, 흑돼지두루치기

제주시 조천읍 비자림로 639 064-782-7158

우동카덴 제주점

noodles

제주시 조천읍 교래3길 23 064-784-6262 10:00~19:00(브레이크타임 15:00~16:00, 화·수 휴무)
덴푸라우동, 붓카케우동, 야마카케우동, 새우튀김, 굴튀김 ₩ 10,000원~15,000원(1인 기준)
전용 주차장 제주에 머물 때는 테이블링 어플에서 전날 오후 6시부터 예약 가능

정호영 셰프의 우동은 어떤 맛일까?

홍대의 우동 맛집 카덴이 제주도에도 생겼다. 카덴은 이런저런 TV 프로그램에 출연해 유명해진 정호영 셰프가 운영한다. 조천읍 교래리에 있는데 산굼부리, 에코랜드, 사려니숲길, 거문오름을 여행할 때 들르기 좋다. 홍대 매장보다 최소 3~4배 정도 크다. 매 시각 정시에 입장하면 예약한 자리로 안내해준다. 야마카케우동, 덴푸라우동, 이카텐붓카케우동, 에비텐붓카케우동……. 우동 종류는 무척 다양하다. 새우튀김, 은갈치튀김, 제주산광어튀김, 굴튀김, 후토마키 등 튀김과 김밥도 다채롭다. 홍대 매장에서 이미 입증했듯이 어느 것을 시키든 맛은 평균을 훌쩍 넘는다. 양이 많은 데다가 면은 탱탱하고 육수는 비린 맛 하나 없이 깔끔하다. 면은 얇은 면과 두꺼운 면 중에서 선택할 수 있다. 후토마키는 맛있으나 한입에 먹기엔 좀 큰 편이다. 제주 지역에 한해 전날 오후 6시부터 테이블링 어플에서 빠르게 예약해야 한다. 식당에서 추가로 주문할 수 있다.

ONE MORE 주변의 다른 맛집

금보가든 누룽지삼계탕, 토종닭, 흑돼지두루치기
제주시 조천읍 비자림로 639 064-782-7158

상춘재 꼬막비빔밥, 멍게비빔밥, 돌문어비빔밥
제주시 조천읍 선진길 26 064-725-1557

곰막식당

seafood

- 제주시 구좌읍 구좌해안로 64 · 064-727-5111
- 09:30~21:00(마지막 주문 20:00, 화요일 휴무)
- 성게국수, 고등어회, 회국수, 회덮밥 ₩ 11,000원~20,000원(1인 기준)
- 전용 주차장 · 식당 한편에 대형 수족관이 있어서 아이들과 구경하기 좋다.

©송인희

성게국수와 고등어회 맛집

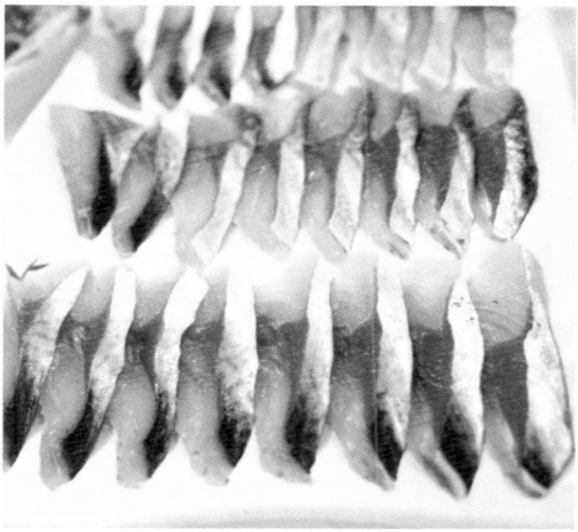

함덕해수욕장과 김녕해수욕장 사이에 있는 해변 맛집이다. 원래 곰막식당은 현지인이 주로 찾는 해안가의 선술집이었다. 고등어회와 회국수가 방송을 타면서 여행자들 사이에서 유명해지기 시작했다. 지금은 제주도민보다 관광객이 더 많이 찾는 여행자 맛집이 되었다. 인기가 많은 메뉴는 성게국수와, 고등어회, 회국수이다. 성게국수는 무엇보다 성게가 푸짐해서 좋다. 직접 면을 만들어 면발이 쫄깃하고, 국물은 시원하면서도 구수하다. 고등어회도 인기 메뉴이다. 사실 이 집은 한치, 대방어, 광어, 멸치 등 다양한 생선회를 판매한다, 그런데도 고등어회 맛집으로 알려지면서 단연 인기 메뉴가 되었다. 대개 고등어회는 비리다고 여기지만 이 집은 그렇지 않다. 고등어회 한 점 집어 특제 간장 소스에 찍어 먹으면 비린 향이 올라오지 않는다. 식감이 좋아서 다 씹지 않았는데도 입안에서 사르르 녹는다. 비린 향이 전혀 올라오지 않는다. 두껍게 썬 생선회가 듬뿍 든 회국수는 특제 초고추장 양념에 비벼 먹는다. 쫄깃한 면발과 생선회, 새콤달콤한 양념의 조화가 특별하다. 곰막식당이 있는 동북리 해안은 손꼽히는 노을 명소이다. 붉은 석양은 당신을 위해 준비한 근사한 서비스이다.

ONE MORE 주변의 카페

공백 제주시 구좌읍 동복로 83 064-783-0015
모알보알 제주 제주시 구좌읍 구좌해안로 141

성게국수

선흘방주할머니식당

home style

제주시 조천읍 선교로 212 064-783-1253 10:00~19:00(겨울 10:00~18:00, 일요일 휴무)
두부한접시, 두부전골, 검정콩국수, 삼채곰취만두, 고사리비빔밥 ₩ 10,000원~20,000원(1인 기준)
전용 주차장 포장 불가

아들은 농사짓고, 어머니는 건강한 음식을 만든다

방주할머니식당은 아들이 직접 농사지은 재료로 어머니가 정갈한 맛을 내는 곳이다. 푸짐한 시골인심으로 여행자와 현지인의 입에 항상 오르내린다. 직접 농사지은 콩과 청정 제주 바닷물로 만든 두부, 흑돼지가 듬뿍 들어간 두부전골 그리고 단호박면을 넣은 검정콩국수가 일품이다. 직접 만든 두부는 공장에서 만들어 나오는 두부와는 비교가 안 된다. 한번 먹어 보면 맛의 차이를 금방 알 수 있다. 특히 서리태로 만든 검정콩국수는 면발은 쫄깃하고 국물은 고소하면서도 적당히 걸쭉하다. 콩 국물은 포장해가고 싶을 만큼 자꾸 손이 간다. 비릿한 맛도 없애 콩국수를 별로 좋아하지 않던 분들도 반할 만한 맛이다. 겨울에 방문하더라도 콩국수는 꼭 맛보길 권한다. 천연 조미료를 사용해 만든 삼채곰취만두와 고사리비빔밥도 맛이 훌륭하다. 한번 맛보면 대부분 또 오고 싶어질 것이다. 세계자연유산인 거문오름과 선녀와나무꾼 테마공원에서 가깝다.

ONE MORE 주변의 다른 맛집

상춘재 꼬막비빔밥, 멍게비빔밥, 돌문어비빔밥
제주시 조천읍 선진길 26 064-725-1557

만월당

Italian food

제주시 구좌읍 월정1길 56 064-784-5911 매일 11:00~20:00(브레이크타임 15:00~17:00)

성게크림파스타, 돌문어파스타, 전복리소토 ₩ 20,000원(1인 기준)

전용 주차장 케이지에 넣으면 애견 존에서 반려견과 동반하여 식사할 수 있다. @manwoldanginjeju

제주에서 파스타가 먹고 싶다면

생선회, 몸국, 근고기, 고기국수, 보말칼국수, 전복뚝배기, 고사리육개장, 통갈치조림……. 여행하면서 웬만한 제주도 음식을 경험했다면, 또는 문득 스파게티나 스테이크가 먹고 싶다면, 퓨전 레스토랑 만월당을 떠올려도 좋겠다. 만월당은 월정리해수욕장 카페거리 뒤편에 있는데, 이탈리안 음식점이지만 여느 음식점과 조금 다르다. 이 집은 전복, 성게, 딱새우, 돌문어, 각종 해산물 등 제주에서 나는 재료를 활용하여 이탈리안 음식을 제주식으로 재해석한다. 전복리소토, 성게크림파스타, 딱새우로제파스타, 제주흑돼지스테이크 등이 이렇게 해서 탄생했다. 제주의 향기를 입힌 메뉴 중에서 전복리소토와 성게크림파스타 인기가 제일 많다. 맛에 대한 평가도 좋은 편이다. 이외에 스파이시그린샐러드와 돈마호크스테이크도 즐길 수 있다. 점심과 저녁 피크 무렵엔 조금 기다릴 수 있다.

ONE MORE 주변의 다른 맛집

제주로움 현무암카츠, 맨도롱우동, 연어몬딱

제주시 구좌읍 월정3길 14 010-6851-8252

월정리 꺼멍스 흑돼지훈연바비큐, 흑돼지슈바인학센

제주시 구좌읍 행원로1길 26 064-784-0666

제주로움

pork cutlet

제주시 구좌읍 월정3길 14 2층 010-6851-8252
11:00~19:00(월·금 휴무, 주문 마감 18:00) 현무암카츠, 맨도롱우동, 연어몬딱
₩10,000원~15.000원(1인 기준) 전용 주차장 포장과 예약 가능 @_jejuroum

밭담 뷰 돈가스 맛집

제주로움은 제주의 현무암을 닮은 특별한 돈가스 '현무암카츠'를 맛볼 수 있는 이색 맛집이다. 구좌 당근밭이 한눈에 내려다보이는 제주 밭담 뷰와 제주 느낌이 물씬 나는 소품이 매력적이다. '현무암카츠'는 신선한 제주 돼지 등심과 현무암의 검은 색을 구현하기 위해 오징어 먹물로 반죽해 오븐에 구운 수제 빵가루를 사용해 만든다. 고기를 두툼하게 썰어 육즙을 살린 일본식 돈가스인데 숙성을 시켜 풍미가 좋고 육질이 부드럽다. 소스 없이 먹어도 될 만큼 그 자체로 훌륭한 맛을 자랑한다. 여기에 현무암을 닮은 검은 빵가루의 바삭함까지 더해 한층 짙은 풍미를 전해준다.

'현무암카츠' 말고 두 개의 메뉴가 더 있다. 멘도롱우동과 연어몬딱이다. 멘도롱우동은 국물을 훈연 가다랑어로 만든다. 국물 맛이 깊으면서도 깔끔하다. 탱탱하고 쫄깃한 면에 바싹 튀긴 새우가 올라간다. 연어몬딱은 싱싱한 통연어를 천일염과 다시마를 이용해 20시간 숙성을 거친 특별한 음식이다. 쫄깃함과 감칠맛이 남다르다. 제주로움 바로 옆엔 음료와 디저트를 파는 '스쿠버스'라는 카페가 있다. 이곳에서만 맛볼 수 있는 옥돔빙수로 입가심까지 하면 한 끼 식사와 디저트로 딱, 이다.

ONE MORE 주변의 다른 맛집

만월당 성게크림파스타, 돌문어파스타, 전복리소토
제주시 구좌읍 월정1길 56 064-784-5911

월정리 꺼멍스 흑돼지훈연바비큐, 흑돼지슈바인학센
제주시 구좌읍 행원로1길 26 064-784-0666

barbecue

월정리 꺼멍스

제주시 구좌읍 행원로1길26 064-784-0666 매일 12:00~22:00

흑돼지훈연바비큐, 흑돼지슈바인학센 ₩ 60,000원(2~3인 기준)

식당 앞, 주변 길가 포장과 예약 가능 @ccumungs

훈연 흑돼지바비큐의 특별함

꺼멍스는 월정리에서 캠핑 낭만을 만끽하며 흑돼지바비큐를 편히 맛볼 수 있는 곳이다. 흑돼지훈연바비큐를 주문하면 굽기 전에 삼겹살과 뼈등심을 보여주는데 빛깔만 봐도 침샘을 자극한다. 흑돼지고기는 특유의 고소함과 육즙을 품고 있다. 장작 화로에서 훈연과 침향의 단계를 거치면 육질은 부드러워지고, 돼지고기 특유의 감칠맛이 극대화되는데 셰프가 직접 그릴링을 해주기에 일반 돼지고기구이와 맛부터 다르다. 최고급 제주 흑돼지를 연기로 구운 까닭에 돼지고기 냄새가 전혀 나지 않는다. 게다가 겉은 바삭하고 속은 촉촉하다. 훈연으로 고기의 탄성화를 억제해서 부드러움이 남다르다.

플레이팅도 특별하다. 맛있게 구워진 고기는 제주를 형상화해 특수 제작한 돌판에 올려 내오는데, 그 모습이 감성까지 자극한다. 그냥 소금만 살짝 올려 먹어도 맛있지만 꺼멍스 특제소스에 찍어 먹거나 마늘종과 깻잎 장아찌에 얹어 먹으면 차원이 다른 맛의 울림을 경험할 수 있다. 맥주와 곁들여 먹기 좋은 독일식 족발 요리인 흑돼지슈바인학센도 일품이다. 흑돼지의 또 다른 풍미를 느껴보기 좋은 메뉴이다. 월정해수욕장과 당근밭이 창밖으로 보이는 아름다운 풍경은 특별한 덤이다.

ONE MORE 주변의 다른 맛집

만월당 성게크림파스타, 돌문어파스타, 전복리소토
제주시 구좌읍 월정1길 56 064-784-5911
제주로움 현무암카츠, 맨도롱우동, 연어몬딱
제주시 구좌읍 월정3길 14 010-6851-8252

명진전복

seafood

제주시 구좌읍 해맞이해안로 1282 064-782-9944
09:30~21:30(화 휴무, 주문 마감 20:30) 전복돌솥밥, 전복구이
₩ 15,000원~45,000원 전용 주차장 입장 전 대기명단 작성, 예약 불가

제주 가면 생각나는 뜨끈한 전복돌솥밥

명진전복은 전복요리로 소문난 집이다. 인기가 많은 전복돌솥밥을 필두로 회, 구이, 죽 등 전복을 이용한 음식을 두루 잘한다. 늘 손님이 붐벼 점심시간이 아니어도 15~20분 정도는 기다려야 한다. 하지만 회전도 빠른 편이고 웨이팅 시 미리 주문을 받기 때문에 생각보다 빠르게 식사할 수 있다. 유명세를 타면 맛이 흔들리는 경우가 있는데 이 집 전복요리는 언제 가도 좋은 편이다. 또한, 양식장에서 직접 생산한 전복을 쓰기에 도내 어느 식당보다 가성비 좋은 전복 음식을 맛볼 수 있다.

대표 메뉴는 전복돌솥밥이다. 게우전복 내장를 섞어 만든 밥 위에 단호박과 당근을 넣고 그 위에 전복을 얇게 썰어 내온다. 정갈한 밑반찬과 고등어구이를 뜨끈한 솥밥 위에 올려 먹는 맛은 여행이 끝난 뒤에도 두고두고 생각난다. 밥을 다 먹고 난 뒤에는 반드시 돌솥에 물을 부어 누룽지까지 맛봐야 한다. 배가 부르더라도 꼭 맛보길 추천한다. 곁들여 먹기 좋은 전복구이는 쫄깃하고 무척이나 고소하다. 이 가격에 이렇게 많이 줘도 되나 싶을 정도로 양이 많고, 크기도 넉넉하다. 여행에 지친 원기를 회복하기에 좋다.

ONE MORE 주변의 다른 맛집

소라횟집 우럭매운탕, 전복덮밥, 생선회

제주시 구좌읍 해맞이해안로 1240-3

064-784-3545

소금바치순이네

noodles

제주시 구좌읍 해맞이해안로 2196 064-784-1230
09:30~19:30(브레이크타임 15:00~16:30, 1·3번째 목요일 휴무, 주문 마감 19:00) 돌문어볶음, 해물뚝배기
₩ 2인 기준 20,000~40,000원 가능 포장 가능 @sogeumbacisunine

불향 가득한 돌문어볶음

종달리 해맞이해안로에 있는 해산물 맛집이다. 돌문어볶음, 해물뚝배기, 전복죽, 톳성게비빔밥, 갈치조림 등 다양한 해산물 메뉴가 있다. 대표 메뉴는 돌문어볶음으로 매콤 달콤한 맛을 좋아하는 여성들에게 유독 인기가 좋다. 돌문어볶음은 잘게 썬 돌문어와 홍합, 파, 양파 등을 한 데 넣고 볶은 뒤 깻잎을 얹어 낸다. 홍합 껍질을 발라내고 볶음 아래에 담긴 소면까지 잘 비벼서 먹으면 된다. 고춧가루와 간장으로 맛을 내서 칼칼하고, 센 불에 빠르게 볶아 각 재료의 식감이 살아 있다. 양파 조각 위에 돌문어와 홍합을 쌓으면 완벽한 밥도둑 삼합이 된다. 탱탱한 돌문어는 씹을수록 단맛이 나고 아삭한 양파가 입안을 개운하게 해준다. 양이 푸짐해서 2명이면 작은 사이즈로도 충분하다. 성산일출봉, 섭지코지, 우도 등과 가까이 있어 동부 여행 중에 들러 식사하기에 좋다.

ONE MORE 주변의 다른 맛집

산도롱맨도롱 홍갈비국수, 백갈비국수, 멜로돔베
제주시 구좌읍 해맞이해안로 2284 064-782-5105

해월정 보말죽, 보말칼국수, 물회, 톳부추전
제주시 구좌읍 해맞이해안로 2340 064-782-5664

산도롱맨도롱

noodles

제주시 구좌읍 해맞이해안로 2284 064-782-5105 09:00~17:30(화요일 휴무)
홍갈비국수, 백갈비국수, 멜로돔베 ₩ 10,000원~15,000원(1인 기준)
전용 주차장 예약 불가 @sandolongmandolong2

직화 갈비가 올라간 동남아풍 고기국수

바야흐로 제주도에선 고기국숫집끼리 전쟁을 벌이고 있다. 신생 맛집들은 차별화한 고기국수를 내놓느라 정신이 없다. 산도롱멘도롱도 그런 곳이다. 구좌읍 종달리, 우도가 건너다보이는 종달항 선착장에 있다. 이 집의 국수는 이름부터 다르다. 고기국수가 아니라 '갈비국수'다. 돼지 수육이 아니라 숯불로 구운 직화 갈비를 토핑으로 올리는 까닭이다. 국수 모양도 동남아풍이다. 구운 갈비를 푸짐하게 올린 비주얼이 시선을 압도한다. 이 독특한 홍갈비국수와 백갈비국수가 여행객을 불러들인다. 홍갈비국수는 마라탕 같다. 사골을 진하게 달인 국물은 붉고 향이 강한 편이다. 하지만 감칠맛이 살아있다. 직화 갈비에선 불맛과 단맛이 적당히 올라온다. 백갈비국수는 동남아의 쌀국수 맛을 가미한 퓨전 국수다. 독특하고 맛있다. 스타일이 새로운 멜로돔베도 독특하다. 점심 시간대는 대기 줄이 길다.

ONE MORE 주변의 다른 맛집

해월정 보말죽, 보말칼국수, 물회, 톳부추전
제주시 구좌읍 해맞이해안로 2340 064-782-5664

복자씨연탄구이

barbecue

서귀포시 성산읍 해맞이해안로 2764 064-782-7330
매일 12:00~22:00 흑돼지근고기
₩ 2인 48,000원~60,000원 전용 주차장

육즙이 남다른 바닷가 옆 연탄구이집

일출봉, 섭지코지, 비자림, 신비로운 오름 군락, 인기 드라이브 코스인 해맞이해안로……. 제주 동부는 내륙과 해안에 골고루 명소를 품고 있다. 탁 트인 바다와 오름 군락을 만끽하다 보면 어느덧 허기가 찾아온다. 제주의 맛과 아름다운 풍경 둘 다 놓치고 싶지 않다면 복자씨연탄구이로 가자. 성산항 근처의 바닷가 앞에 있다. 오션 뷰는 물론이고 날씨가 좋으면 우도까지 볼 수 있다. 복자씨연탄구이는 근고기 전문점이다. 초벌구이 된 목살과 오겹살이 함께 나온다. 은근한 연탄불 위에서 골고루 잘 익힌 고기를 멜젓에 콕 찍어 한입, 각종 채소를 올려 쌈으로 또 한입 먹으면 세상 어느 음식 부럽지 않다. 남다른 육즙 느끼면서 창밖의 바다를 바라보면 그대로 힐링이 된다. 흑돼지가 들어간 김치찌개와 시원한 열무국수가 기름진 속을 달래준다.

ONE MORE 주변의 다른 맛집

등경돌식당 통갈치구이, 갈치조림, 성게미역국
서귀포시 성산읍 일출로 279 064-782-0707
맛나식당 갈치조림, 고등어조림
서귀포시 성산읍 동류암로 41 064-782-4771

등경돌식당

seafood

서귀포시 성산읍 일출로 279 064-782-0707 매일 08:00~21:00
통갈치구이, 갈치조림, 전복미역국, 성게미역국, 전복뚝배기 ₩100,000원(4인 기준)
일출봉 방면 전용 주차장 deunggyeongdol_jeju

성산 최고의 갈치 맛집

"구이냐? 조림이냐?" 갈치를 어떻게 먹어야 제대로 먹었다며 만족감을 느낄까? 제주를 찾은 여행객들이 곧잘 하는 즐거운 고민이다. 당신은 이 질문에 바로 답을 할 수 있는가?! 성산일출봉 아래, 공영주차장 건너편 등경돌식당에 가면 이런 고민을 하지 않아도 된다. 이곳에서 세트 메뉴를 시키면, 구이와 조림을 한꺼번에 경험할 수 있다. 40년 가까이 여행자들이 찾고 있으니 맛에 대한 검증이 이미 끝났다. 관광객이라고 바가지요금을 요구하지도 않는다. 진심으로 손님을 맞이한다. 소금간이 잘 된 두툼한 갈치 한 덩이가 김을 모락모락 피워 올리며 식욕을 자극한다. 흰 쌀밥 위에 올려놓기만 해도 침이 넘어간다. 이번에는 갈치조림 국물에 밥을 적신 다음 살코기 한 점 올려놓으면 또 침 넘어간다. 목 너머로 침만 넘어가지 않는다. 오분자기도 넘어가고, 갈치가 데리고 온 바다의 향기와 파도 소리도 넘어간다.

ONE MORE 주변의 다른 맛집

복자씨연탄구이 흑돼지근고기, 김치찌개
서귀포시 성산읍 해맞이해안로 2764 064-782-7330

맛나식당 갈치조림, 고등어조림
서귀포시 성산읍 동류암로 41 064-782-4771

맛나식당

seafood

서귀포시 성산읍 동류암로 41 064-782-4771
08:30~14:00(매주 수, 일 휴무) 갈치조림, 고등어조림 ₩ 2인 24,000원
길 건너편 성산읍공영주차장

새벽 6시부터 줄 서서 먹는 갈치조림

맛이면 맛, 가격이면 가격, 한결같이 맛있는 갈치조림 맛집이다. 갈치조림 마니아들에겐 성지가 된 지 오래다. 성산일출봉에서 차로 5분 거리에 있다. 맛나식당은 웨이팅조차 쉽지 않기로 악명이 높다. 영업 시작은 아침 8시 30분부터지만 6시부터 대기 번호를 나눠준다. 사람들은 새벽 5시 반부터 줄을 선다. 10번까지는 사람 수에 맞게 갈치조림을 주문할 수 있다. 그 다음부터는 갈치조림과 고등어조림을 섞어 주문해야 한다. 갈치조림 하나로 사람들을 이렇게까지 안달 나게 하나 의아할 수 있지만, 맛을 보는 순간 엄지를 치켜들게 된다. 특제 양념으로 잘 졸여진 무 위에 두툼한 갈치가 층층이 쌓여 나온다. 과하게 짜지도 달지도 않은 양념은 갈치의 고소한 맛을 방해하지 않으면서 무와 잘 어우러진다. 모든 손님이 자작하게 깔린 양념까지 싹싹 긁어먹는다. 또 다른 메뉴인 고등어조림도 훌륭하다. 튼실하게 살이 오른 제주 고등어가 갈치의 자리를 대신한다.

ONE MORE 주변의 다른 맛집

복자씨연탄구이 흑돼지근고기, 김치찌개
서귀포시 성산읍 해맞이해안로 2764 064-782-7330
등경돌식당 통갈치구이, 갈치조림, 성게미역국
서귀포시 성산읍 일출로 279 064-782-0707

가시아방국수

noodles

서귀포시 성산읍 섭지코지로 10 064-783-0987 10:00~21:00(수요일 휴무)
고기국수, 돔베고기, 비빔국수, 멸치국수 ₩ 10,000원~20,000원(1인 기준)
전용 주차장 매장 방문 전 어플 '예써'에서 대기등록 가능, 주문 후 선결제

고기국수와 돔베고기의 신흥 강자

<수요미식회>, <알쓸신잡>에 나온 이름난 맛집이다. 제주도에서 고기 국숫집의 신흥 강자로 떠오른 곳인데, 가게 이름이 재밌다. 가시아방은 제주어로, 장인이라는 뜻이다. 가시는 아내의 순우리말이고, 아방은 아버지라는 의미다. 섭지코지 입구에 있어서 성산일출봉, 아쿠아플라넷제주, 섭지코지를 여행할 때 들르기 편하다. 이 집 고기국수는 육수가 깊으면서도 깔끔하다. 고명으로 올라오는 돔베고기는 잡내가 없고 유독 찰지다. 비빔국수에도 돔베고기 댓 점을 고명으로 올려주는데 고기국수 못지않게 많은 사람이 찾는다. 국수만 먹어도 꽤 만족스럽지만, 돔베고기가 빠지면 왠지 아쉽다. 이럴 땐 돔베고기 세트를 주문하면 좋다. 고기국수, 비빔국수, 돔베고기 작은 것이 같이 나온다. 유명한 맛집이라 기다리는 시간이 긴 편이다. 어플 '예써'에서 웨이팅 현황을 확인하고 도착 일정을 고려하여 대기등록을 하면 기다리지 않아 좋다.

ONE MORE 주변의 다른 맛집

해왓 갈치조림, 성게미역국, 전복해물뚝배기
서귀포시 성산읍 신고로 30-1 064-782-5689

맛나식당 갈치조림, 고등어조림
서귀포시 성산읍 동류암로 41 064-782-4771

해왓

seafood

서귀포시 성산읍 신고로 30-1 064-782-5689 09:00~21:00(수요일 휴무, 주문 마감 20:00)
갈치조림, 성게미역국, 전복해물뚝배기, 물회, 고등어구이 ₩ 30,000원~60,000원(2인 기준)
전용 주차장 포장과 예약 가능 @haewat

정갈하고 깔끔한 해산물 밥상

성산읍 섭지코지와 아쿠아플라넷제주에서 가까운 해산물 맛집이다. 해산물을 기본으로 하는 제주 음식을 제대로 맛볼 수 있는 곳이다. 해왓은 제주어로, 바다를 뜻하는 '해'와 밭을 뜻하는 '왓'을 합친 이름이다. 싱싱한 해산물과 청정한 농산물로 정성껏 음식을 만들겠다는 의지를 식당 이름에 담았다. 식당 이름답게, 제주의 신선한 해산물과 직접 재배한 채소를 이용해 요리한다. 갈치조림, 우럭조림, 성게미역국, 전복해물뚝배기, 물회, 갈치구이, 고등어구이 그리고 한치회와 고등어회 같은 생선회까지 무엇 하나 부족한 메뉴가 없다. 고등어구이와 물회, 성게미역국의 조합이 좋다. 성게가 듬뿍 들어간 미역국의 인기가 제일 높다. 갈치조림과 우럭조림, 전복해물뚝배기도 많이 찾는다. 여름철 물회가 제격이다. 모듬물회와 전복물회는 사시사철 먹을 수 있으나 활한치물회는 5월부터 8월까지만 즐길 수 있다.

ONE MORE 주변의 다른 맛집

가시아방국수 고기국수, 돔베고기, 비빔국수
서귀포시 성산읍 섭지코지로 10 064-783-098
맛나식당 갈치조림, 고등어조림
서귀포시 성산읍 동류암로 41 064-782-4771

조은게마씸

local food

서귀포시 표선면 표선동서로 115 064-787-6992 10:00~21:00
갈비국수, 흑돼지두루치기, 보말죽 ₩ 12,000원(1인분 기준)
전용 주차장 @joungemassim

흑돼지 두루치기

고기국수의 업그레이드, 갈비국수!

제주도를 대표하는 음식 중 하나가 바로 고기국수다. 뽀얀 돼지고기 육수를 베이스로, 중면에 잘 삶아진 돼지고기 수육이 올라가면 이것이 제주식 고기국수다. 국물과 수육 그리고 중면이 조화를 이루고 있다. 고명으로 돼지고기를 올리기에 고기국수라 불렀다. 제주도민뿐 아니라 여행자들에게도 사랑받는 토속음식이다. 요즈음 고기국수가 진화하고 있다. 뽀얀 돼지고기 육수에 쫄깃한 중면을 사용하는 건 기존의 고기국수와 같다. 차이는 삶은 수육이 아니라 왕갈비를 올린다는 점이다.고기국수의 업그레이드된 버전, 이른바 갈비국수다. 표선의 조으게마씸에 가면 갈비국수를 먹을 수 있다. 중면과 육수, 불에 구운 먹음직스러운 왕갈비의 조합이 먹음직스럽다. 어른 손바닥만한 갈비 크기와 뽀얀 국물은 비주얼부터 고기국수를 압도한다. 또 다른 메뉴인 흑돼지두루치기와 갈비국수의 조합도 신의 한 수이다. 식사를 마치면 꼭 한마디 하고 나오자. "사장님 조은게마씸!"(좋습니다!)

ONE MORE 주변의 다른 맛집

제주판타스틱버거 화이트킹버거, 인디언커리크림버거
서귀포시 표선면 토산중앙로15번길 6
0507-1339-6990

제주판타스틱버거

hamburger

서귀포시 표선면 토산중앙로15번길 6 0507-1339-6990 매일 10:00~19:00
화이트킹버거, 인디언커리크림버거, 베이직버거, 화이트크림소스버거 ₩ 30,000원(2인 기준)
건물 앞 주차장 100인분 재료 소진 시 조기마감 @yes_imfantastic

수제버거의 압도적 비주얼

이런 말이 있다. 진보하지 않는 모든 것들은 퇴보한다. 음식도 예외는 아니다. 한때 인스턴트 음식이라 천대받던 햄버거, 피자, 치킨이 기본 정체성은 유지하면서 맛과 품질은 한껏 높인 방식으로 진일보하고 있다. 대표적인 곳이 서귀포시 표선면에 제주판타스틱버거이다. 이 가게는 소고기가 아니라 돼지고기를 패티로 사용한다. 패티는 직접 튀기고, 빵은 직접 군다. 소스도 직접 만든다. 최고the best one가 아니라 하나밖에only one 없는 햄버거를 만든다는 철학으로 수제버거를 만든다. 돼지고기 패티의 비주얼은 압도적이다. 소스를 햄버거에 부어 먹는데, 이는 여간해서 경험하기 힘든 독특한 체험이다. 대표 메뉴는 양파 소스가 강렬한 화이트킹버거, 커리 소스가 듬뿍 들어간 인디언커리크림버거, 그리고 이 집의 진정한 '맛짱' 감자튀김이다. 수제버거의 진화를 경험하고 싶다면, 제주판타스틱버거로 가자.

ONE MORE 주변의 다른 맛집

조은게마씸 갈비국수, 흑돼지두루치기, 보말죽
서귀포시 표선면 표선동서로 115 064-787-6992

일구공 제주남원점 190베이컨치즈버거, JMT더블버거
서귀포시 남원읍 남태해안로 259 064-764-8143

가시식당

local food

◎ 서귀포시 표선면 가시로565번길 24 ☏ 064-787-1035
◷ 08:00~20:00(브레이크타임 15:00~17:00, 마지막 주문 18:30, 2·4번째 일요일 휴무)
Ⓜ 몸국, 순댓국, 두루치기 ₩ 1인 9,000~15,000원 🚗 가게 옆 공영주차장

제주도 최고의 몸국과 순대국

여행자들에겐 나목도식당과 함께 두루치기 맛집으로 잘 알려졌지만, 원래는 몸국과 순댓국이 유명한 곳이다. 걸쭉하고 짙은 고기 육수 때문에 언뜻 보면 모든 탕 요리가 비슷해 보이지만 이는 제주도의 독특한 요리법 때문이다. 제주에서는 돔베고기를 만들고 남은 육수를 버리지 않고 여러 음식에 사용한다. 육수에 모자반과 수육을 넣으면 몸국, 모자반과 순대를 넣으면 순댓국, 순댓국에 국수를 넣으면 순대국수가 된다. 이 집의 또 다른 별미는 순대 한 접시이다. 피순대나 선짓국 마니아에게 추천한다. 채소나 기름진 재료를 넣지 않고 선지와 메밀가루로 만들어 식감이 찐득한 초코브라우니 같다. 간장 또는 멜젓을 곁들이면 고소함과 선지 특유의 맛이 배가 되는 별미 중의 별미이다. 수육과 섞어서 주문할 수 있다. 제주시 이도 2동에 2호점이 있다. 유일하게 요리 비법을 알고 있는 사장님이 매일같이 두 곳을 오가며 요리하니 본점과 맛이 다를 걱정은 하지 않아도 된다.

몸국

ONE MORE 주변의 다른 맛집

나목도식당 삼겹살, 두루치기
◎ 서귀포시 표선면 가시로613번길 60 ☏ 064-787-1202

나목도식당

local food

◎서귀포시 표선면 가시로613번길 60 ☏064-787-1202
⏲09:00~20:00(매달 1, 3번째 수요일 휴무) Ⓜ삼겹살, 두루치기
₩12,000~24,000원 🚗가게 옆 공영주차장

두루치기냐 생고기냐, 그것이 문제로다

생고기로는 제주에서 둘째가라면 서러운 돼지고기 전문점이다. 맛과 가격이 모두 착하다. 나목도식당이 위치한 가시리는 오래전부터 목축업이 발달해 품질 좋은 말과 돼지고기가 맛있기로 유명하다. 중산간 지역 중에서도 유독 가시리 사람들이 돼지 부심이 강한데, 이들이 한결같이 엄지 척 인정하는 곳이 바로 나목도식당이다. 이곳에 가면 늘 똑같은 고민을 하게 된다. 칙~칙~ 소리를 내며 노릇하게 구워지는 생고기구이를 먹을 것이냐, 칼칼한 양념의 두루치기를 시켜서 야무지게 볶음밥까지 먹을 것이냐. 메뉴 선택이 쉽지 않지만, 어느 쪽을 선택해도 행복한 한 끼 식사가 된다. 함께 나오는 국은 몸국과 된장국 중에서 선택할 수 있다. 진한 육수 자랑하는 몸국은 두루치기와, 무를 넣은 된장국은 기름진 고기와 잘 어울린다.

ONE MORE 주변의 다른 맛집

가시식당 몸국, 순댓국, 두루치기
◎서귀포시 표선면 가시로565번길 24 ☏064-787-1035

호화

pork cutlet

서귀포시 남원읍 한신로531번길 23 0507-1371-8552 11:00~15:00(마지막 주문 14:30, 월·화 휴뮤)
돈가스세트, 냉메밀세트 ₩ 3만원(2인 기준) 가게 옆 신흥2리 체육공원, 동백마을 방문자센타 주차장
노키즈존(14세 이상 입장), 네이버 또는 전화예약 필수 @hohowhawha_jeju

동백마을에서 즐기는 호화로운 돈가스!

호화는 작고 아름다운 동네, 동백마을이라 불리는 남원읍 신흥3리에 있다. 아름답고 고요한 이 마을과 딱 어울리는 작지만 특별한 돈가스 가게이다. 콘크리트 감귤창고의 문을 열고 들어가면 좁은 공간에 주방과 바bar 형태의 테이블이 있다. 주방 뒤편엔 도드커피라는 카페가 있는데, 카페의 테이블까지 합쳐야 10명 남짓 앉을 수 있다. 정말 아담한 공간이다. 호화는 100% 사전 예약제로 운영되며, 제주 흑돼지와 광어를 하루 30인분만 사용한다. 딱 하루 30인분의 호화스러운 식사를 준비하는 곳이다. 호화의 돈가스는 속은 부드럽고 겉은 바삭하다. 그날 그날 준비한 신선한 고기만 사용해 원재료의 맛을 잘 살렸다. 제주 흑돼지의 육즙이 입 안에 기분 좋게 가득 퍼진다. 소바 국물도 인상적이다. 광어 뼈를 우린 육수와 일본식 츠유 간장을 섞어 만든 국물은 담백함을 새롭게 정의한다. 동백마을에서의 특별한 식사, 호화롭지 아니한가?

ONE MORE 주변의 다른 맛집

랑이식당 밀푀유만두전골, 랑이튀김만두
서귀포시 남원읍 중산간동로 6264 064-764-7332

일구공 제주남원점 190베이컨치즈버거, JMT더블버거
서귀포시 남원읍 남태해안로 259 064-764-8143

일구공 제주남원점

hamburger

서귀포시 남원읍 남태해안로 259 064-764-8143 매일 11:30~20:00(15:00~17:00 브레이크 타임)

190베이컨치즈버거, JMT더블버거, 스파게티 ₩ 5~6만원(3인 기준)

전용 주차장 190은 패티의 무게 190g, 그리고 최현석 셰프의 키 190cm을 뜻함

최현석 셰프의 수제버거

최근 유명 셰프들이 제주로 몰려들고 있다. 위플이앤디의 최현석 총괄 셰프도 제주에 프리미엄 수제버거 체인인 일구공 매장을 열었다. 구좌읍과 남원읍에 지점을 운영 중이다. 일반적인 햄버거의 패티가 100g 정도에 불과한데 일구공 수제버거의 패티 무게는 무려 190g에 달한다. 190이란 브랜드는 패티의 무게와 최현석 셰프의 키 높이를 뜻한다. 패티 무게 90g의 차이는 그대로 맛의 차이로 이어진다. 햄버거를 한 입 베어 무는 순간 터져 나오는 육즙과 풍미는 일구공 버거의 핵심 장점이다. 여러 재료를 쏟아 넣고 강렬한 소스로 얼버무린 일반 버거와는 차원이 다르다. 일구공 버거는 신기할 정도로 담백하고 깔끔하다. JMT나 베이컨치즈버거를 보라. 패티, 치즈, 베이컨이 전부다.

초간단 레시피로 이런 맛이 나오는 걸까? 버거도 제주에 오면 요리가 되는 것인가? 랍스타버거는 일구공 제주남원점에서만 판매한다. 이 역시 도전해보자. 남도의 멋진 바다는 덤이다!

ONE MORE 주변의 다른 맛집

제주판타스틱버거 화이트킹버거, 인디언커리크림버거

서귀포시 표선면 토산중앙로15번길 6

0507-1339-6990

호화 돈가스세트, 냉메밀세트

서귀포시 남원읍 한신로531번길 23 0507-1371-8552

취향의섬 반미샌드위치, 치즈김치볶음밥

서귀포시 남원읍 태위로398번길 7 010-4662-6910

패티 무게가 무려 190g

랑이식당

millefeuille

서귀포시 남원읍 중산간동로 6264 064-764-7332
10:30~20:00(브레이크타임 15:00~18:00, 일요일과 월 2회 평일 휴무, 방문 전 영업 문의)
밀푀유만두전골, 랑이스페셜세트, 랑이튀김만두 ₩15,000원~20,000원(1인 기준)
전용 주차장 저녁은 전화예약 필수, 포장 가능, 모든 메뉴 2인 이상 주문 필수 @rang2_15

남원읍 중산간의 밀푀유나베 맛집

랑이식당은 소고기와 배추가 주재료인 밀푀유나베 전문점이다. 밀푀유나베는 천 개의 잎사귀란 뜻을 가진 프랑스어 밀푀유Mille-Feuille와 일본식 전골인 나베를 합친 말이다. 이름처럼 여러 채소와 얇은 고기를 겹겹이 쌓아 냄비 가득 채워 끓여 먹는 요리다. 랑이식당 밀푀유는 채소에서 우려낸 담백한 국물에 부드러운 한우와 매일 직접 만드는 수제 만두의 조화가 특별하다. 일반적인 만두보다 더 옹골찬 만두는 전골에 넣어 끓여도 금방 퍼지지 않고 식감이 살아 있다. 밀푀유나베는 끓는 동안 육수와 채수가 계속 나오는 덕에 특별한 양념을 하지 않아도 감칠맛이 난다. 얼큰한 국물을 좋아한다면 다진 고추를 넣어 매운 정도를 조절해 국물을 맛볼 수 있다. 어느 정도 국물이 우러 나왔다면 칼국수를 맛볼 차례이다. 식당 모든 메뉴는 혼밥족들에겐 아쉽지만 2인 이상만 주문할 수 있다. 만두는 하루 300개만 빚는다. 모두 팔리면 일찍 문을 닫는다.

ONE MORE 주변의 다른 맛집

호화 돈가스세트, 냉메밀세트
서귀포시 남원읍 한신로531번길 23 0507-1371-8552

취향의섬

sandwich

서귀포시 남원읍 태위로398번길 7 010-4662-6910 11:00~20:00(브레이크 타임 15:00~17:00, 매주 화·수 휴무)

반미샌드위치, 오믈렛치즈김치볶음밥, 흑임자파스타 ₩ 3만원(2인 기준)

가게 앞 한 줄 주차 안내견 동반가능, 초등학생부터 입장 가능 @chwihyang.wimi

영혼이 담긴 김치볶음밥과 반미

베트남 음식에 빠지지 않는 고수는 강한 향 때문에 호불호가 갈리는 식재료다. 반미banh mi는 베트남식 샌드위치로, 반으로 가른 바게트에 고수, 채소, 치즈, 고기를 넣어 먹는다. 바삭바삭한 바게트, 신선한 채소, 돼지고기의 식감 그리고 낭중지추처럼 어디선가 불쑥 나타나는 고수의 향이 반미의 매력이다. 제주에서 좀처럼 보기 힘든 반미의 매력을 느낄 수 있는 곳이 서귀포 남원에 있다. 남원읍 위미리의 한적한 골목길, 향나무와 동백나무 사이로 아늑하고 아담한 가정집 같은 가게가 자리 잡고 있다. 취향의섬, 그림 작가와 목수를 업으로 하시는 주인 내외가 운영한다. 맛뿐만 아니라 공간 감각이 뛰어난 곳이다. 반미와 오믈렛치즈김치볶음밥, 흑임자파스타. 좀처럼 보기 힘든 퓨전요리를 맛볼 수 있다. 고수가 취향에 맞지 않으면 미리 빼달라고 하면 된다. 이 집 부부는 서귀포 시내에서 취향의섬 북앤띵즈라는 서점도 같이 운영하고 있다.

ONE MORE 주변의 다른 맛집

꼬동꼬동 해물떡볶이, 튀김, 해물볶음밥

서귀포시 남원읍 태위로 383 010-4575-5211

섬소나이 위미점 빨간짬뽕, 크림짬뽕, 피자

서귀포시 남원읍 위미해안로 18 064-900-9878

꼬동꼬동

seafood

서귀포시 남원읍 태위로 383 010-4575-5211 12:00~21:00(월요일 휴무)
해물떡볶이, 튀김, 해물볶음밥 ₩ 3만원(3인 기준)
가게 앞 주차장, 맞은편 골목길 아이들 놀이방 있음 @ggodongggodong

해물라면을 넘어 해물떡볶기와 해물튀김!

요즘 제주 전역에 해물라면 가게가 없는 곳이 없다. 심지어 소주방에서도 오징어 먹물로 라면을 끓여준다. 그야말로 해물라면의 전성시대다. 남원읍 위미리엔 해물라면을 넘어 해물떡볶이와 해물튀김의 시대를 연 맛집이 있다. 남들이 하지 않는 신메뉴로 한발 앞서가는 꼬동꼬동이라는 음식점이다. 이곳에서는 제주산 톳과 보말, 주꾸미로 튀김을 만든다. 꽃게, 전복, 새우, 홍합으로 떡볶이를 만들며, 알밥으로 볶음밥을 만들어준다. 가장 인기가 많은 메뉴는 해물떡볶이이다. 제주산 해산물로 만든 떡볶이는 어떤 맛일까? 비주얼은 해산물파스타 같다. 그런데 맛은 '찐' 떡볶이다. 전복을 발라내며 먹기 시작하는데, 떡볶이가 아니라 해산물 볶음과 떡볶이를 동시에 먹는 기분이 든다. 바로 튀겨 '겉바속촉'한 해물튀김을 떡볶이 국물에 묻혀 먹어보라. '겉바속촉'에 '매콤함'이 더해진다. 해물튀김과 해물볶음밥은 아이들도 잘 먹는다.

ONE MORE **주변의 다른 맛집**

취향의섬 반미샌드위치, 오믈렛치즈김치볶음밥, 흑임자파스타 서귀포시 남원읍 태위로398번길 7 010-4662-6910

섬소나이 위미점 빨간짬뽕, 크림짬뽕, 피자 서귀포시 남원읍 위미해안로 18 064-900-9878

섬소나이 위미점

fusion

서귀포시 남원읍 위미해안로 18 2층 064-900-9878 10:00~18:00(목요일 휴무)
맑은짬뽕, 빨간짬뽕, 크림짬뽕, 피자, 트러플세트 ₩ 12,000원~20,000원(1인 기준)
가게 앞, 위미항 옆 바로 앞이 위미항이라 전망이 좋다 @wimiseomsonai

별 3개 짬뽕 맛집

섬소나이는 제주뿐만 아니라 전국 어디에 내놔도 손색이 없는 짬뽕 맛집이다. 제주의 신선한 해산물과 모자반을 접목하여 개발한 퓨전 짬뽕이 시그니처 메뉴이다. 퓨전 짬뽕이지만 특이하게 10여 가지 한약재를 넣어 육수를 만든다. 한약재를 넣고 무려 열두 시간을 끓여 육수를 만든다. 면은 제주 톳을 사용하여 직접 만들고, 우도 산 모자반과 신선한 해산물이 토핑으로 들어간다. 짬뽕은 종류가 세 가지다. 불맛이 나는 매콤한 빨간짬뽕, 깔끔하고 감칠맛이 뛰어난 맑은짬뽐, 크림소스와 우도 땅콩으로 만든 크림짬뽕이 그것이다. 매콤하고 칼칼한 빨간짬뽕과 크림짬뽕의 인기가 두드러진다. 섬 속의 섬 우도에 본점이 있어서 접근성이 떨어졌으나 이제는 위미점이 생겨서 본섬에서도 맛있는 피자와 퓨전짬뽕을 즐길 수 있게 되었다. 위미항 바로 옆에 있다.

ONE MORE 주변의 다른 맛집

공천포식당 물회, 전복죽, 갈치조림
서귀포시 남원읍 공천포로 89 064-767-2425

꼬동꼬동 해물떡볶이, 튀김, 해물볶음밥
서귀포시 남원읍 태위로 383 010-4575-5211

공천포식당

seafood

◎ 서귀포시 남원읍 공천포로 89 📞 064-767-2425

🕓 10:00~19:30(매주 목요일 휴무) Ⓜ 물회, 전복죽, 갈치조림 ₩ 3만원(2인 기준)

🚗 가게 앞 주차장, 바로 옆 공천포구 주차장 ⓘ 2020~2021 제주푸드앤와인페스티벌 맛집 선정

남원의 물회와 전복죽 맛집

물회는 늦봄부터 초가을까지 즐겨 먹는 제주식 냉국이다. 자리물회는 5~7월, 한치물회는 7~9월이 제철이다. 양식이 일반화되면서 요즘엔 전복물회가 인기를 끌고 있다. 물회를 좋아하는 맛집 여행자라면 공천포식당 정도는 알고 있어야 한다. 제주공항의 반대편, 서귀포시 남원읍의 공천포 포구. 공천포식당은 세상 소문날 일이 없을 듯 고요하고 평온한 바닷가에 자리를 잡고 있다. 제주산 전복, 뿔소라, 한치를 사시사철 물회로 즐길 수 있는 곳이다. 전복은 오도독 씹히고, 소라는 쫄깃하다. 한치는 부드럽고, 식초를 넣은 국물은 새콤새콤하다. 여기에 고등어구이를 곁들이면 '순삭'이 따로 없다. 공천포식당의 또 다른 대표 메뉴는 전복죽이다. 전복 향이 깊이 우러나 맛이 특별하다. 갈치조림도 여느 맛집 못지 않게 맛있다. 그리고 공천포 바다의 고즈넉함은 여행자에게 주는 특별한 보너스이다.

ONE MORE 주변의 카페와 다른 맛집

카페 EPL

◎ 서귀포시 남원읍 위미항구로 8 📞 064-764-6191

섬소나이 위미점 빨간짬뽕, 크림짬뽕, 피자

◎ 서귀포시 남원읍 위미해안로 18 📞 064-900-9878

오붓한 테이블

제주시 조천읍 조천3길 2 010-3598-5474
매일 11:00~18:30(토·일 휴무) 커피, 음료, 디저트, 와인
₩10,000원~20.000원(1인 기준) 가게 앞 주차장
10세 이하 노키즈존, 네이버 혹은 문자 예약
@private_table_

오직 한 팀만을 위한 예약제 카페

조천읍 조천리 주택가에 있는 예약제 카페이다. 아는 사람만 아는 카페였으나 김희애가 출연한 TV 여행 프로그램 〈잠적〉에 나오면서 널리 알려졌다. 예약 가능한 시간은 오전 11시부터 18시 30분까지이고, 이용 시간은 1시간 30분이다. 90분 동안 오직 한 팀만 자유롭게 사용할 수 있다. 커피와 차, 음료, 디저트를 즐길 수 있다. 저녁 시간에는 와인바로도 이용할 수 있는데, 5시 30분부터 3시간 동안 사용할 수 있다. 주변 신경 쓰지 않고 여유롭게 오붓한 시간을 보내고 싶은 분에게 추천한다.

델문도

◎ 제주시 조천읍 조함해안로 519-10
📞 064-702-0007 🕓 매일 07:00~24:00
Ⓜ 커피, 디저트, 한라봉에이드, 맥주
₩ 10,000원 안팎(1인 기준)
🚗 공영주차장 ⓘ 반려동물 동반 가능
📷 @cafe_delmoondo

에메랄드빛 함덕 바다를 품은

제주 동부에서 가장 핫한 카페 중 하나이다. 제주도에 바다 전망 카페가 많지만, 이곳도 만만치 않다. 코앞이 바다다. 야외 테라스로 나가면 에메랄드빛 바다가 축복처럼 펼쳐진다. 마치 외국의 휴양지에 온 듯 마음이 설렌다. 델문도는 원래 원두 로스터리로 유명하였으나 이제는 베이커리를 강화하여 디저트 카페로 불러도 손색이 없다. 이곳에 오는 사람은 대부분 커피와 바다 풍경을 먼저 떠올린다. 하지만 이제 디저트 덕분에 와야 할 이유가 하나 더 생겼다.

오드랑베이커리

◎ 제주시 조천읍 조함해안로 552-3
📞 064-784-5404 🕓 매일 07:00~22:00
Ⓜ 마농바케트, 베이글, 먹물치아바타, 커피
₩ 10,000원 안팎(1인 기준) 🚗 전용 주차장
ⓘ 반려동물 동반 불가. 포장해서 갈 때는 포크와 나이프를 챙겨달라고 하자

함덕해수욕장의 '빵지 순례' 명소

함덕해수욕장의 소노벨제주 리조트 후문 앞에 있다. 빵 마니아들이 제주도 '빵지 순례' 명소로 첫손가락에 꼽는다. 모든 빵을 직접 배양한 효소로 발효한 후 저온 숙성을 거쳐 느리게 구워낸다. 시그니처 메뉴는 '마농바케트'이다. 마늘 향과 크리미한 소스의 조화가 좋다. 식감이 겉은 바삭하고 속은 촉촉하여 자꾸 먹게 된다. 크림치즈가 듬뿍 들어간 어니언 베이글도 일품이다.

블루보틀 제주

제주시 구좌읍 번영로 2133-30
0507-1388-6998
매일 09:00~19:00
커피, 마카롱, 케이크
₩ 10,000원 안팎(1인 기준)
갓길 이용 ⓘ 반려동물 동반가능

바다 전망과 정원이 아름다운

블루보틀은 커피 맛에 집중하는 브랜드이자 프랜차이즈이다. 블루보틀 제주카페는 오름이 군락을 이룬 구좌읍 송당리에 있다. 커피와 제주호떡, 감자치즈와플 같은 디저트도 즐길 수 있다. 스페셜 커피를 지향하지만 늘 대비되는 스타벅스보다 가격이 특별히 비싸진 않다. 폭설과 태풍 같은 급격한 날씨 변화로 영업 단축 또는 임시 휴무를 할 때가 종종 있다.

카페 EPL

서귀포시 남원읍 위미항구로 8
0507-1317-6191
매일 10:00~21:00
커피, 마카롱, 케이크
₩ 10,000원 안팎(1인 기준)
갓길 이용 ⓘ 반려동물 동반가능

바다 전망과 정원이 아름다운

남태평양이 보이는 남원읍의 위미항 근처에 있는 베이커리 카페이다. 먹고EAT 즐기고PLAY 사랑하라LOVE의 영문 첫 글자를 따 카페 이름을 지었다. 루프톱에 오르면 바다가 보이고, 꽃과 식물이 가득한 정원은 매혹적이다. 바리스타가 내려주는 커피는 맛있고, 제과제빵기능장이 만든 베이커리는 달큼한 듯 담백하다. 다양한 빵과 케이크, 마카롱을 즐길 수 있다.

숙성도 중문점

barbecue

서귀포시 일주서로 966 064-739-5213 매일 11:00~22:00(브레이크타임 15:00~16:30)
숙성흑돼지, 숙성목살, 동치미열무국수 ₩ 32,000원(교차숙성흑돼지 2인분)
전용 주차장 ⓘ 오픈 30분 전부터 현장 대기 가능, 오픈 시각부터는 테이블링 앱으로 원격 줄서기 신청 가능

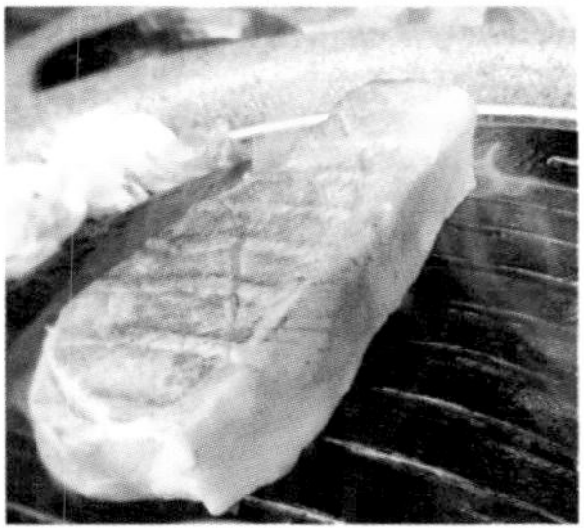

맛과 풍미가 남다른 교차 숙성 흑돼지

몇 해 전부터 새롭게 떠오르는 흑돼지 전문점이다. 제주도를 시작으로 전국적으로 지점을 늘리고 있다. 숙성도 돼지고기의 특징은 교차 숙성으로 설명할 수 있다. 먼저, 깐깐하게 선별한 흑돼지를 30일간 숙성도만의 특유한 과정으로 숙성시킨다. 숙성한 돼지고기는 숙성하지 않은 고기보다 육질이 부드럽고 맛이 좋다. 숙성도는 단일 숙성이 아니라 교차로 숙성하는데, 영하 1도의 염수에서 침지 숙성을 시켜 고기가 수분을 충분히 머금게 한다. 그 이후 드라이에이징이라고 부르는 건조 숙성 과정을 다시 거친다. 이렇게 하면 육즙이 고기 안에 단단하게 저장되어 육질이 쫄깃한 듯 부드럽고 풍미가 잘 살아난다. 가게의 숙성고에서 고기가 숙성되는 모습을 직접 볼 수 있어 더 신뢰가 간다. 숙성도의 주요 메뉴로는 흑돼지앞다리살, 흑삼겹살, 뼈등심, 동치미열무국수 등이 있다. 맛에 대한 평가는 다 좋은 편이다.

ONE MORE 주변의 다른 맛집

연돈 돈가스, 치즈돈가스
서귀포시 일주서로 968-10 064-738-7060

국수바다 본점 고기국수, 성게전복국수, 회국수
제주 서귀포시 일주서로 982 0507-1390-9255

칠돈가 중문점

barbecue

서귀포시 중문관광로 8 064-738-1191
매일 13:00~21:50(브레이크타임 15:30~17:00) 흑돼지근고기, 백돼지근고기
₩ 2인 50,000원~70,000원 전용 주차장 단체 손님은 사전에 문의 요망

중문관광단지의 이름난 근고기 전문점

여미지식물원 북쪽에 있다. 중문관광단지에서 이름난 근고기 전문점이다. 제주도 여러 곳에 직영점과 지점이 있을 만큼 음식 맛을 인정받고 있다. 주차장이 무척 넓고, 테이블 간격도 넓은 편이어서 편안하게 식사할 수 있다. 근고기는 두툼한 돼지고기를 무게 단위인 '근'으로 판다고 해서 붙여진 이름이다. 제주도 특유의 고기 판매 방식이다. 한 근은 보통 600g이다. 메뉴는 단출하다. 흑돼지근고기, 백돼지근고기, 흑돼지뼈근고기, 김치찌개. 이렇게 네 가지가 전부다. 음식을 주문하면 직원이 고기를 직접 구워준다. 식사와 대화에 집중할 수 있어서 좋다. 고기 굽는 직원의 손길에서 전문가 향기가 느껴진다. 전문가가 구워서 그럴까? 고기는 육즙이 살아있는 데다가 살코기에 비계가 적절하게 붙어 있어서 맛이 쫀득한 듯 부드럽다. 근고기 식당이 대부분 그렇듯 육지보다 가격은 비싼 편이다.

ONE MORE 주변의 다른 맛집

제주오성갈치조림 통갈치조림, 통갈치구이
서귀포시 중문관광로 27 064-739-3120

고집돌우럭 중문점 우럭조림 런치 세트와 디너 세트
서귀포시 일주서로 879 064-738-1540

고집돌우럭 중문점

seafood

서귀포시 일주서로 879 064-738-1540 매일 10:00~21:30(브레이크타임 15:00~17:00)

우럭조림, 옥돔구이, 뿔소라미역국 ₩ 2만원~6만원(1인 기준)

전용 주차장 룸과 단체석 있음

해녀 가족이 하는 우럭 맛집

중문관광단지에서 가장 이름난 맛집 가운데 하나이다. 트립어드바이저에서 2018년부터 3년 연속으로 제주도 으뜸 맛집으로 선정되었으며, 네이버와 카카오의 이용자 평점도 꽤 높은 편이다. 물질 경력 60년이 넘은 해녀와 어부 남편이 아들, 며느리와 같이 운영한다. 손님에게 갓 지은 밥을 대접하고, 싱싱한 제주산 재료만 사용하며, 눈으로 먹는 즐거움도 크다는 원칙을 지키며 장사하고 있다. 런치스페셜 세 종류와 디너스페셜 네 가지가 있다. 어느 메뉴이든 우럭조림, 옥돔구이, 낭푼밥양푼밥을 기본으로 하며, 가격이 올라가면 전복새우우럭조림, 제주뿔소라미역국, 물회 등으로 바뀌거나 추가된다. 저녁 메뉴에는 돔베고기와 숙성모둠회가 추가된다. 제주항 부근제주시 임항로 30, 064-722-1008과 함덕해수욕장에 지점제주시 조천읍 신북로 491-9, 064-783-6060을 두고 있다.

ONE MORE 주변의 다른 맛집

제주오성갈치조림 통갈치조림, 통갈치구이

서귀포시 중문관광로 27 064-739-3120

칠돈가 중문점 흑돼지근고기, 백돼지근고기

서귀포시 중문관광로 8 064-738-1191

색달식당 중문본점

seafood

서귀포시 색달중앙로 23 064-738-1741 매일 10:00~21:30(브레이크타임 15:00~16:00)
통갈치조림, 통갈치구이, 문어통갈치조림, 전복돌솥밥 ₩15,000원~50,000원(1인 기준)
전용 주차장 단체석 있음, 발레 파킹 서비스, 8명 이상 예약은 전화로 문의

입이 떡 벌어지는 통갈치 즐기기

중문관광단지뿐 아니라 제주도에서도 손꼽히는 통갈치 음식 전문점이다. 여미지식물원 북쪽 중문관광단지 입구에 있다. 제주산 은갈치와 돌문어를 사용한다. 색달식당에서는 두 번 놀란다. 상을 가득 채워 입이 떡 벌어지게 만드는 통갈치조림의 크기에 한번 놀라고, 자꾸 손이 가는 음식 맛에 다시 한번 놀란다. 대표 메뉴는 통갈치조림과 문어통갈치조림이다. 새우와 전복이 듬뿍 들어간 통갈치조림에는 기본 반찬 여덟 가지에 통갈치, 성게미역국과 공깃밥이 같이 나온다. 가격은 2인분에 6만 원, 4인분에 10만 원이다. 마찬가지로 새우와 전복이 들어간 문어통갈치조림엔 통갈치, 문어, 성게미역국, 돌솥밥이 같이 나온다. 2인분 10만 원, 4인분에 16만 원이다. 모든 메뉴가 맛이 뛰어나며, 성게미역국에 대한 이용자들의 평가도 좋다. 통갈치구이도 인기가 많으며, 단품 메뉴로 전복돌솥밥과 영양돌솥밥이 있다.

ONE MORE 주변의 다른 맛집

고집돌우럭 중문점 통갈치조림, 문어통갈치조림
서귀포시 일주서로 879 064-738-1540

칠돈가 중문점 흑돼지근고기, 백돼지근고기
서귀포시 중문관광로 8 064-738-1191

제주오성갈치조림

seafood

서귀포시 중문관광로 27 064-739-3120 매일 09:00~22:00
갈치구이, 갈치조림 ₩ 35,000원~110,000원(2인 기준)
전용 주차장 아침 식사 가능, 사전 예약 시 픽업 서비스 제공 @jeju_five_sta

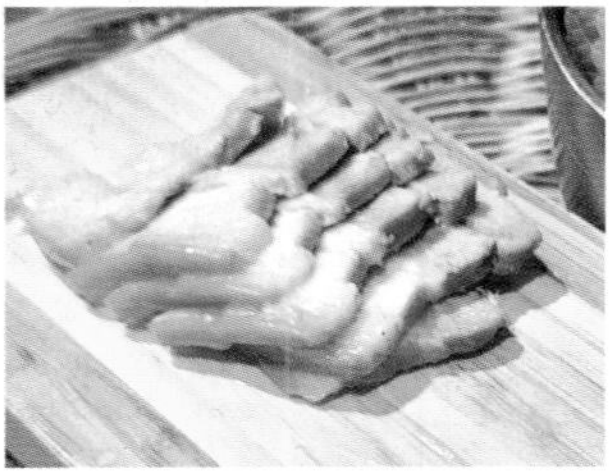

대를 이어오는 50년 갈치 맛집

중문관광단지에 있는 전통의 갈치구이와 갈치조림 맛집이다. 여미지식물원 북쪽 중문관광단지 교차로 근처에 있다. 중문에서는 드물게 50년 가까이 대를 이어서 음식점을 이어오고 있다. 가성비와 가심비 둘 다 만족시키는 맛집으로 인기가 좋다. 대표 메뉴는 오성정식이다. 갈치조림과 옥돔구이, 문어튀김, 돔베고기, 성게미역국으로 구성돼 있다. 다른 1인 메뉴로는 은갈치조림정식과 고등어쌈밥정식이 있는데, 둘 다 인기가 좋다. 통갈치구이와 통갈치조림도 많이 찾는 메뉴이다. 통갈치구이는 천일염으로 염장을 해 짜지 않고 맛이 담백하다. 2대째 내려오는 비법 양념으로 만든 통갈치조림은 전복과 새우가 듬뿍 들어가 있다. 통갈치조림, 전복뚝배기, 성게미역국, 오분자기돌솥밥이 세트로 구성된다. 그 밖의 메뉴로는 갈치정식, 고등어구이, 전복구이, 옥돔구이가 있다.

ONE MORE 주변의 다른 맛집

고집돌우럭 중문점 통갈치조림, 문어통갈치조림
서귀포시 일주서로 879 064-738-1540
칠돈가 중문점 흑돼지근고기, 백돼지근고기
서귀포시 중문관광로 8 064-738-1191

삼원정 중문본점

seafood

◎ 서귀포시 색달중앙로 44 ☏ 064-738-1077 ◷ 매일 10:30~22:00(브레이크타임 15:00~16:30)
Ⓜ 해물통갈치조림, 갈치구이, 소소한 세트(해물통갈치, 갈치구이 세트) ₩ 40,000~50,000원(1인 기준)
🚗 전용 주차장 ⓘ 단체 예약 가능, 중문과 서귀포 숙소까지 차량 픽업 가능 ⓞ @samwonjeong_by_kimchef_jeju

도민이 인정하는 생갈치 전문점!

삼원정은 맛을 좀 안다는 제주 도민과 제주 여행 고수가 찾는 생갈치 전문점이다. 이 집 주인은 한결같이 생갈치만 고집한다. 서귀포수협에서 싱싱한 생갈치를 경매로 받아오는데, 공급량의 한계 때문에 매일 30마리 내외만 판매한다. 단골들은 이곳이 널리 알려지는 것을 원하지 않는다. 생갈치는 수분을 머금고 있어 냉동 갈치보다 더 촉촉하고 부드럽다. 갈치구이와 해물통갈치조림이 대표 메뉴이다. 갈치구이는 주인이 직접 살을 발라 준다. 그 전에 포토타임 시간이 주어지니 인증 사진을 찍으면 된다. 해물통갈치조림은 문어, 전복, 딱새우, 무, 감자, 단호박과 함께 지글지글 졸여서, 돌솥밥과 함께 먹으면 고소하고 부드러워 입안에서 바다의 향이 작은 축제를 벌인다. 기본 반찬으로 김치말이국수, 갈치회, 한치초무침, 돔베고기, 샐러드가 푸짐하게 나온다. 특히 돔베고기는 돼지고기 전문점이라고 해도 믿을 만큼 맛있다.

ONE MORE 주변의 다른 맛집

고집돌우럭 중문점 통갈치조림, 문어통갈치조림
◎ 서귀포시 일주서로 879 ☏ 064-738-1540

칠돈가 중문점 흑돼지근고기, 백돼지근고기
◎ 서귀포시 중문관광로 8 ☏ 064-738-1191

운정이네 중문점

seafood

서귀포시 중산간서로 726 064-738-3883 매일 09:00~22:00
해물통갈치구이, 해물통갈치조림, 전복뚝배기, 전복돌솥밥 ₩ 15,000~50,000원(1인 기준)
전용 주차장 후식 코너에서 커피는 물론 한라봉아이스크림도 먹을 수 있음. @seom_jung

화려하고 푸짐한 비주얼 맛집

중문관광단지엔 유독 갈치 맛집이 많다. 이런 환경 때문에 맛을 두고 치열하게 경쟁 중이다. 운정이네 중문점도 그 가운데 하나이다. 원래는 안덕계곡 근처에서 20평 남짓한 기사 식당으로 시작했으나 맛이 좋다는 소문을 듣고 찾아오는 손님이 늘어나 중문으로 이전했다. 몇 년 전부터 사진 찍기 좋은 비주얼 맛집으로 여행자들에게 인기를 끌고 있다. 대표 메뉴는 해물통갈치구이, 해물통갈치조림, 전복뚝배기, 고등어조림이다. 해물통갈치구이와 해물통갈치조림은 2인 세트 메뉴이다. 통갈치와 옥돔구이, 전복, 돌솥밥, 미역국에 갖가지 반찬이 나온다. 해물통갈치조림에는 문어가 추가된다. 음식의 양과 품질, 그리고 플레이팅까지 평이 좋은 편이다. 그 외 메뉴로 전복돌솥밥, 전복문어돌솥밥, 갈치솥밥도 있다. 중문관광단지에서 조금 떨어진 것은 단점이다.

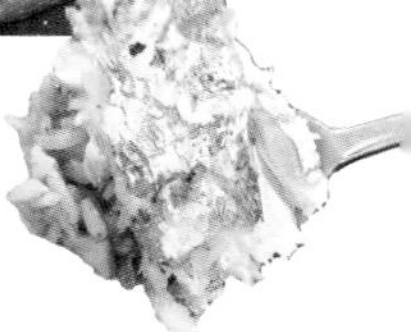

ONE MORE 주변의 다른 맛집

가람돌솥밥 전복돌솥밥, 영양돌솥밥, 성게미역국
서귀포시 중문관광로 332 064-738-1200

중문수두리보말칼국수 보말칼국수, 성게전복죽, 물만두
서귀포시 천제연로 192 064-739-1070

대기정

seafood

◎ 서귀포시 이어도로 41 ☏ 064-739-1041
매일 10:30~20:30(브레이크타임 14:30~16:30)
통갈치구이, 통갈치조림, 전복돌솥밥, 성게돌솥밥 ₩ 15,000~50,000원(1인 기준)
전용 주차장 ⓘ 예약 가능, 단체석 있음

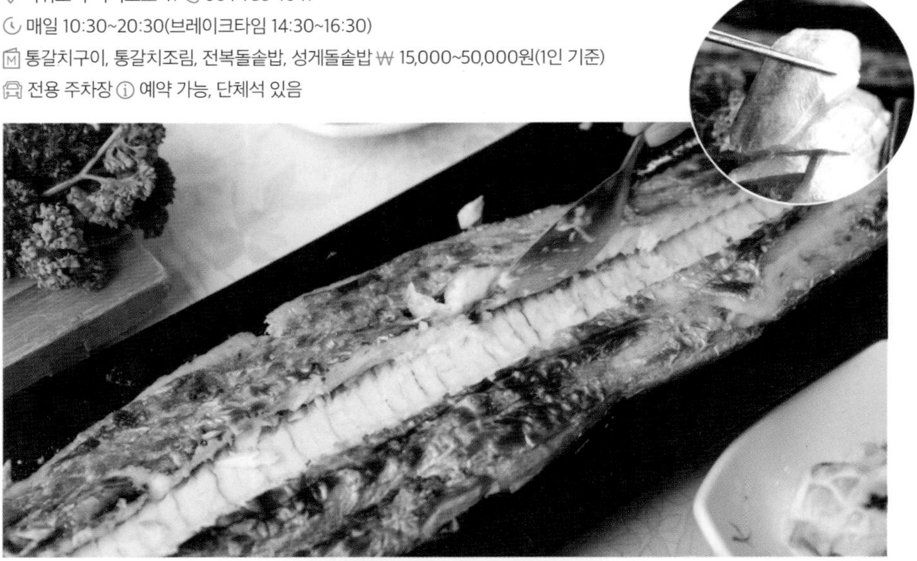

제주 3대 갈치 맛집이라고 자부하는

대포주상절리 북쪽 아프리카박물관 옆에 있다. 중문관광단지에서 동쪽으로 조금 벗어나 있지만, 현지인과 여행자가 인정하는 중문의 갈치 맛집이다. 채낚이배로 잡은 최상급의 생갈치만 사용해 음식을 만든다. 대표 메뉴는 통갈치구이와 통갈치조림, 그리고 전복돌솥밥이다. 통갈치구이와 통갈치조림의 상차림과 음식 재료는 다른 갈치 맛집과 대동소이하다. 다만, 통갈치조림에 새우 대신 제주산 딱새우가 들어간다는 점이 차별점이다. 가격이 중문관광단지 중심의 갈치 맛집보다 조금 저렴하다. 전복돌솥밥엔 활전복과 대추, 단호박이 듬뿍 들어있다. 신선한 재료를 아끼지 않아 음식 맛이 좋다. 갈치돌솥밥, 성게돌솥밥, 전복성게미역국도 많이 찾는다. 손님이 많지만, 음식을 제법 속도감 있게 준비해 준다. 스스로 제주 3대 갈치 맛집이라고 자부한다. 유명인의 사인이 많이 걸려있다.

ONE MORE 주변의 다른 맛집

함쉐프키친 소고기왕갈비짬뽕, 차돌박이짬뽕, 스파게티로제
◎ 서귀포시 대포중앙로 116 ☏ 064-739-1142

가람돌솥밥 전복돌솥밥, 영양돌솥밥, 성게미역국
◎ 서귀포시 중문관광로 332 ☏ 064-738-1200

가람돌솥밥

dolsotbap

서귀포시 중문관광로 332 064-738-1200 매일 08:00~22:00

전복돌솥밥, 영양돌솥밥, 전복성게돌솥밥, 해물한치돌솥밥 ₩ 15,000~25,000원(1인 기준)

전용 주차장 예약 가능, 단체석 있음

엄지 척, 중문의 전복돌솥밥 맛집

음식점 이름에서 알 수 있듯이 돌솥밥을 전문으로 하는 식당이다. 20년 넘게 같은 자리에서 돌솥밥 전문음식점을 운영하고 있다. 신선한 제주산 전복과 성게, 은갈치 등 엄선한 재료로 음식을 만든다. 정갈하고 담백한 맛에 반해 여러 번 찾는 여행자가 많다. 특히 친철하고 서비스가 좋아 아이 동반 여행자들에게 인기가 많은 맛집이다. 인기가 가장 많은 메뉴는 전복돌솥밥이다. 마가린과 양념장을 넣고 비벼 먹으면 정말 맛있다. 미역국을 비롯한 반찬도 정갈하고 맛이 좋다. 밥도 맛있지만, 마지막에 쓱쓱 긁어먹는 누룽지도 맛이 좋다. 전복성게돌솥밥, 영양돌솥밥, 오분자기돌솥밥, 해물한치돌솥밥도 있다. 돌솥밥이 전문점이지만 전복해물뚝배기, 성게미역국, 고등어조림, 통갈치구이와 통갈치조림도 즐길 수 있다. 일찍 문을 열어 아침을 먹을 수 있어서 좋다. 중문관광단지 동쪽 중문초등학교 근처에 있다.

ONE MORE 주변의 다른 맛집

둘레길 파스타, 오믈렛

서귀포시 천제연로 209-1 0507-1379-3255

중문수두리보말칼국수 보말칼국수, 성게전복죽, 물만두

서귀포시 천제연로 192 064-739-1070

둘레길

Italian food

서귀포시 천제연로 209-1 0507-1379-3255

매일 10:00~22:00(평일 브레이크타임 15:00~16:30, 마지막 주문 21:30)

파스타, 오믈렛 ₩ 4.5만원(요리 3개 기준)

매장 길 건너편 휴대폰 할인매장 옆 골목 공영주차장(무료)

예약 불가, 주말엔 브레이크타임 없음 @dulle_gil1

제주의 대표 오믈렛과 파스타

KBS 다큐멘터리 <삽겹살 랩소디>에 이런 내용이 소개되었다. 우리나라 돼지고기 중에서 제주 흑돼지가 가장 맛이 좋으며, 돼지고기도 숙성시키면 맛이 배가된다고! 이 두 조건을 모두 충족시키는 집이 중문의 '둘레길'이다. 제주산 숙성 흑돼지를 사용한 오믈렛과 파스타로 소문난 찐 맛집이다. 적당한 크기의 돼지고기가 파스타의 맛과 식감을 돕는다. 또 느끼하지도 강하지도 않은 소스가 첫맛부터 끝 맛까지 식감을 유지하게 해준다. 다른 매력 하나 더! 오믈렛 컷팅 쇼는 둘레길만의 시그니처 퍼포먼스이다. 내용물을 감싼 럭비공 모양의 달걀부침을 나이프로 커팅해주면 갈라진 달걀부침 사이로 오믈렛이 짠, 하고 나타나는데 그 모습이 아름답고 작은 마술쇼처럼 신기하다.

둘레길은 매장 벽면엔 여러 요리경연대회에서 받은 상장과 상패가 가득하다. 2018 한국국제요리경연대회 입상, 2018 제15회 대한민국 향토식문화대전 금상, 2021 제주푸드앤와인페스티벌제주고메FEST 맛집 선정, 2021 KCL딜리버리 어워즈 파스타 부분 1위……. 각종 요리대회 수상경력이 둘레길의 맛과 퀄리티를 보증한다. 게다가 친절하고 서비스도 만족스럽다. 맛 좋고, 친절하고, 거기에 더해 커팅 쇼의 즐거움까지 주는 곳. 이 정도면 최고 맛집 아닐까?

ONE MORE 주변의 다른 맛집

가람돌솥밥 전복돌솥밥, 영양돌솥밥, 성게미역국
서귀포시 중문관광로 332 064-738-1200

중문수두리보말칼국수 보말칼국수, 성게전복죽, 물만두
서귀포시 천제연로 192, 064-739-1070

오전열한시

fusion

서귀포시 상예로 248 010-5496-5576, 070-8813-5576

11:00~19:00(브레이크타임 15:00~16:00, 수요일 휴무)

전복볶음밥, 간장새우밥, 육쌈동치미국수 ₩ 15,000원(1인 기준)

전용 주차장 예약 및 포장 가능

눈까지 즐거운 전복볶음밥과 육쌈동치미국수

서귀포시 상예동 중문관광단지 북서쪽 중산간서로 아래에 있는 퓨전 한식집이다. 전복볶음밥, 육쌈동치미국수, 간장새우밥. 메뉴는 단출하게 단 세 개이다. 하지만 맛, 분위기, 가격 모두 만족할 만한 곳이다.

가장 인기가 많은 메뉴는 전복볶음밥이다. 전복볶음밥은 시각적 즐거움까지 주는 메뉴이다. 작은 전복, 전복 내장 밥, 크림수프가 어우러진 모습이 조형미까지 느껴져 보는 즐거움이 남다르다. 맛도 꽤 좋다. 한국의 맛과 서양의 맛이 입안에서 조화롭게 융합한다. 전복이 무척 많이 들어가 있다. 음식 취향에 따라 살짝 느끼하다고 여겨지면 고추를 조금 넣어서 비벼 먹자. 느끼함은 금세 사라진다. 오히려 전복을 씹는 즐거움이 커진다. 육쌈동치미는 국수에 돼지고기 수육을 올려 먹는 음식이다. 고기국수의 퓨전화라고 불러도 좋을 음식이다. 시원하고 칼칼한 육수, 부드러운 소면, 쫄깃한 수육의 조화가 남다르다. 동치미국수와 돼지고기의 조합이 의외로 잘 어울린다. 간장새우밥도 위의 두 가지 음식에 뒤지지 않는다. 게다가 양도 충분하다.

ONE MORE 주변의 다른 맛집

국수바다 본점 고기국수, 성게전복국수, 회국수

제주 서귀포시 일주서로 982 0507-1390-9255

숙성도 중문점 숙성흑돼지, 숙성목살, 동치미열무국수

서귀포시 일주서로 966 064-739-5213

연돈 돈가스, 치즈돈가스

서귀포시 일주서로 968-10 064-738-7060

함쉐프키친

fusion

서귀포시 대포중앙로 116 064-739-1142 11:30~22:00(브레이크타임 15:00~17:30, 마지막 주문 21:00, 일요일 휴무)
인생짬뽕(소고기 왕갈비 짬뽕, 차돌박이 짬뽕), 크림파스타, 흑돼지돈가스, 샐러드 ₩ 55,000원(3인, 3개 메뉴 기준)
맞은편 무료주차장 웨이팅 있음, 배달 주문 가능 @kim_manager_jeju

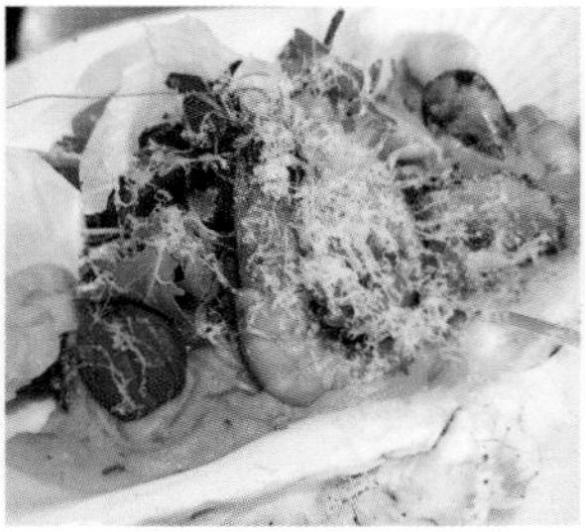

특급호텔 셰프가 만드는 인생 짬뽕

중문관광단지를 품고 있는 대포마을, 남도의 푸근함과 고즈넉함이 매력적인 동네에 인생짬뽕을 맛보기 위해 사람들이 옹기종기 모여있다. 2017년 문을 연 함쉐프키친은 '인생 짬뽕'으로 불리는 소고기왕갈비짬뽕으로 유명세를 타기 시작했다. 인생 짬뽕뿐만 아니라 흑돼지 돈가스, 로제 스파게티, 샐러드도 빠지면 서운해할 메뉴들이다. 신라호텔 15년 경력의 셰프가 만드는 요리이므로 어느 것이든 맛은 안심해도 좋다. 특히 시그니처 메뉴인 소고기왕갈비짬뽕은 조미료로 강한 맛을 내는 여느 짬뽕들과 달리 국물 맛의 깊이가 다르다. 제주의 신선한 해산물과 채소로 진국을 우려냈고, 왕갈비가 한라산처럼 솟아있다. 비주얼부터 인생 짬뽕이라 불리는 이유가 있다. 차돌박이짬뽕과 파스타의 맛도 손색이 없다. 어울릴 것 같지 않은 짬뽕과 파스타의 조합이 이 집에서는 참 잘 어울린다. 퓨전 요리란 이런 것이구나, 싶을 것이다. 10~20분쯤 기다려야 한다.

ONE MORE 주변의 다른 맛집

대기정 통갈치구이, 통갈치조림, 전복돌솥밥
서귀포시 이어도로 41 064-739-1041

가람돌솥밥 전복돌솥밥, 영양돌솥밥, 성게미역국
서귀포시 중문관광로 332 064-738-1200

국수바다 본점

noodles

◎ 서귀포시 일주서로 982 📞 064-739-9255 ⏾ 매일 08:00~21:00
Ⓜ 고기국수, 수육, 비빔국수, 회국수 ₩ 10,000원~20,000원(1인 기준)
🚗 전용 주차장 ⓘ 식신로드에 나온 맛집

중문단지 최고의 고기국수

서귀포시 색달동 중문골프장 북쪽에 있는 국수 맛집이다. 더본호텔제주 아래에 있으며, 숙성도 중문점에서도 가깝다. 고기국수, 비빔국수, 회국수, 밀면이 대표 메뉴이다. 세트 메뉴도 있는데, A세트는 회국수, 고기국수, 수육, 왕만두 2개로 구성돼 있다. B세트를 시키면 고기국수, 비빔국수, 아강발돼지족발을 일컫는 제주어, 왕만두 2개가 나온다. 두 사람이 먹기에 적당하다. 고기국수는 국물이 진하면서도 시원하다. 국수와 수육의 조합도 남다르다. 4인용 한상차림도 있는데, 성게미역국, 회국수, 고기국수, 몸국, 수육, 왕만두 4개가 나온다. 국수바다는 매일 가게에서 직접 뽑는 생면으로 국수를 만든다. 그만큼 믿을 수 있다. 또 다른 단품 메뉴로 몸국, 밀면, 성게전복국수, 성게전복국밥, 아강발 등이 있다. 올레 8코스 바로 옆에 있어서 걷기 여행자들이 많이 찾는다. 주차장이 아주 널찍하다.

ONE MORE 주변의 다른 맛집

숙성도 중문점 숙성흑돼지, 숙성목살, 동치미열무국수
◎ 서귀포시 일주서로 966 📞 064-739-5213
연돈 돈가스, 치즈돈가스
◎ 서귀포시 일주서로 968-10 📞 064-738-7060

중문수두리보말칼국수

noodles

서귀포시 천제연로 192 064-739-1070 08:00~17:00 (마지막 주문 16:30, 첫째·셋째 화요일 휴무)

보말칼국수, 성게전복죽, 물만두 ₩10,000원 안팎(1인 기준)

이면도로, 중문향토오일시장 주차장(서귀포시 중문상로17번길 4) @suduribomal_noodle

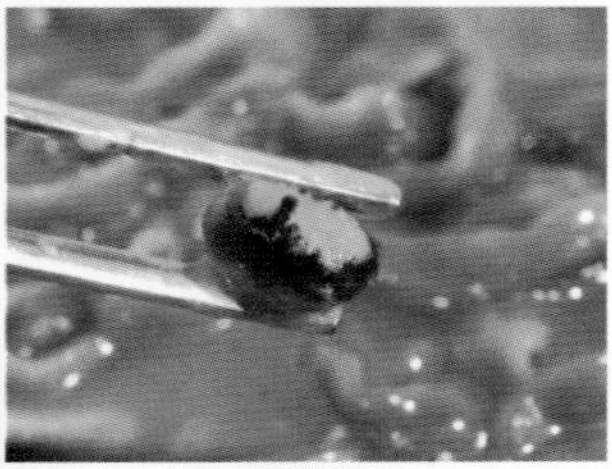

건강식 같은 보말칼국수

수두리는 지명일까? 아니다. 보말바다 고둥의 제주어의 한 종류이다. 바닷가에 수두룩하게 모여 산다고 해서 수두리라 불린다. 식감이 쫄깃하고 살이 많으며 진하게 퍼지는 풍미 때문에 보말 중에서 최고로 친다. 이 집은 유명 맛집답게 아침부터 도민과 여행객 발길이 끊이지 않는다. 메뉴는 수두리보말칼국수, 성게전복죽, 톳성게칼국수, 물만두로 단출하다. 인기 메뉴는 단연 수두리보말칼국수이다. 아침마다 100% 자연산 보말로 우려낸 육수에 수제 톳 면을 넣어 요리한다. 반죽에 톳을 넣어 직접 제면한 톳 면은 식감은 쫄깃하고 빛깔은 검은색을 띤다. 베지근진하고 담백한 맛을 표현하는 제주 사투리하면서 기름기가 적당한 국물과 탱글탱글한 면의 조화가 훌륭하다. 직원에게 요청하면 보리밥을 무료로 제공하는데, 보말 국물에 비벼 먹으면 이 또한 별미다. 비린내가 나지 않고 깔끔한 톳성게칼국수, 속을 따뜻하게 해주는 전복죽도 함께 맛보기를 추천한다.

ONE MORE 주변의 다른 맛집

둘레길 파스타, 오믈렛

서귀포시 천제연로 209-1 0507-1379-3255

가람돌솥밥 전복돌솥밥, 영양돌솥밥, 성게미역국

서귀포시 중문관광로 332 064-738-1200

뽈살집 본점

barbecue

서귀포시 중정로91번길 37 064-763-6860 16:00~01:00(설, 추석 휴무)

돼지고기 특수부위, 열무사과냉면 ₩ 35,000원(2인 기준)

공영주차장 이용 가게에서 자투리 고기를 저렴하게 판매한다.

도축장 직송 특수부위 맛집

서귀포에서 인기 절정인 돼지고기 특수부위 맛집이다. 특수부위란 갈비, 등심, 삼겹살처럼 우리가 흔히 먹는 부위를 뺀 나머지를 통틀어 부르는 말이다. 돼지 한 마리에서 소량만 나오는데, 뽈살집에선 천겹살·비단살·눈썹살·뽈살·꽃살·돈새살 등 여섯 가지 특수부위가 모둠으로 나온다. 부위별 양이 많지 않아 특수부위 전문점에선 대부분 이렇게 나온다. 제주도 도축장에서 직송해 고기가 싱싱하다. 청정 지역에서 자란 덕에 고기 맛이 적당히 고소하다. 동그랗게 말아 놓은 돼지껍데기도 이 집의 별미이다. 달걀찜과 김치찌개가 기본 반찬에 포함되어 있다. 갈치쌈젓과 멜젓에 찍어 먹으면 특수부위와 궁합이 잘 맞는다. 인기가 많아 저녁 시간엔 20~30분 기다려야 한다. 제주시 한림읍한림읍 한림상로 194, 064-796-5860에 지점이 있다. 한림점 영업시간은 22:30분까지이다.

ONE MORE 주변의 다른 맛집

오는정김밥 오는정김밥, 치즈김밥, 멸치김밥

서귀포시 동문동로 2 064-762-8927

네거리식당 갈칫국, 갈치조림, 성게미역국

서귀포시 서문로29번길 20 064-762-5513

문치비

barbecue

서귀포시 신서로32번길 14 064-739-2560 12:00~24:00(연중무휴)
근고기, 항정살, 통갈매기살 ₩ 60,000원(2~3인 기준)
전용 주차장 전용 주차장 주차 후 아래로 50m 이동 @m_chibee

고기 맛 알아주는 근고기 맛집

서귀포 신시가지에서 손꼽히는 근고기 맛집이다. 강정동 월드컵경기장에서 가깝다. 근고기란 한 근으로 썰어 덩어리째 내오는 제주식 돼지고기이다. 덩어리 고기가 나오는 순간 너무 커 입이 떡 벌어진다. 고기 두께가 팔목 정도여서 굽는 게 만만치 않지만, 다행히 직원이 직접 노릇노릇하게 구워준다. "지금 드세요." 직원이 고기 먹는 시점을 알려주는데, 그때를 놓치지 말자. 고기는 고소한 듯 촉촉해 정말 맛있다. 근고기는 멜젓 소스에 찍어 먹어야 제맛이 난다. 고소한 고기 맛에 짠맛이 보태어지면 간이 기가 막히게 좋아진다. 김치찌개도 칼칼하고 시원해 돼지고기와 무척 잘 어울린다. 항정살과 통갈매기살도 소주를 부르는 맛이다. 서귀포 구시가지 엠스테이 호텔 근처에 지점서귀포아랑조을거리점, 서귀포시 태평로353번길 12, 064-762-0823이 있다.

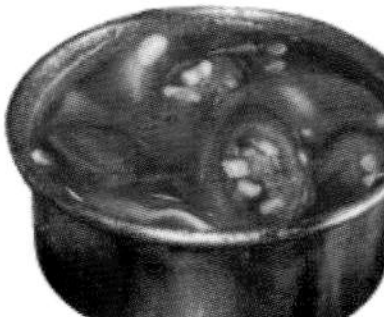

ONE MORE 주변의 다른 맛집

제주김만복 서귀포점 통전복주먹밥, 성게미역국, 해물라면
서귀포시 월드컵로 117 064-796-8582

들렁모루오리탕

oritang

◎ 서귀포시 서홍로358번길 27-18 ☏ 0507-1458-5956
◷ 11:00~15:00(저녁은 예약만 받음, 셋째 화요일 휴무) Ⓜ 오리탕, 전복오리전골
₩ 1만원(오리탕), 5.5만원(전복오리전골) 🚗 전용 주차장 ⓘ 포장 가능, 어린이 놀이기구 있음

자연 속에서 즐기는 들깨오리탕

제주도민이 외지인에게 가장 많이 받는 질문은 현지인 맛집 좀 소개해달라고 하는 것이다. 하지만 이제, 현지인만 가는 맛집은 없다고 해도 과언이 아니다. 있다면 천연기념물이다. 지금, 그 천연기념물을 소개하려고 한다. 한라산 첩첩산중에 있어 아는 사람만 아는 들렁모루오리탕이다. 들렁모루란 제주어로 고인돌처럼 머리가 들린 돌이 있는 언덕을 말한다. 서귀포 북쪽 중산간동로에서 한라산 방면으로 약 2km를 올라가면 서귀포 시내와 태평양이 훤히 내려다보이는 곳에 들렁모루오리탕이 있다. 동화의 나라에 있을 법한 오두막 안에서 오리탕을 즐길 수 있다. 오리탕, 전복오리전골. 메뉴는 이렇듯 단출하다. 쫄깃한 고기와 보약 같은 국물로, 맛은 이미 정평이 나 있다. 깊고 담백하고 얼큰한 오리탕으로 입소문이 난 덕에 현지인의 발길이 끊이지 않는다. 저녁 식사는 예약 손님만 받는다.

ONE MORE 주변의 다른 맛집

아리 텐동, 우동, 초밥
◎ 제주 서귀포시 홍중로 99 ☏ 064-739-3183

쌍둥이횟집 본점

sashimi

서귀포시 중정로62번길 14 064-762-0478
매일 11:00~22:30 생선회, 전복회, 생선매운탕, 회밥정식
₩ 50,000원(2~4인 기준) 전용 주차장

서귀포 최고의 생선회 맛집

서귀포에서 제일 유명한 횟집 가운데 하나이다. 자그마한 현지인 맛집이었으나 지금은 여행자가 더 많이 찾는다. 건물도 크게 새로 지었다. 대표 메뉴는 생선회다. 회를 주문하면 매생이전, 비빔국수, 전복죽이 먼저 나온다. 뒤이어 고등어회, 멍게, 낙지, 새우, 소라 등 15가지가 나무 플레이트에 정갈하게 담겨 나온다. 화려한 색의 향연이 펼쳐져 저절로 카메라를 들게 된다. 그 사이 달걀찜과 고사리전복볶음, 물회가 올라오고 이어서 본 메뉴인 모둠회와 초밥이 등장한다. 모둠회는 제철 생선 중심으로 황돔, 다금바리, 우럭 등으로 구성된다. 본 메뉴가 나왔다고 끝이 아니다. 이번에는 돈가스, 고등어구이, 볶음밥, 고구마튀김, 매운탕이 연달아 올라온다. 식사를 마칠 즈음 독특하게 팥빙수가 후식으로 나온다. 점심 특선으로 생선매운탕, 회덮밥정식을 1만원에 먹을 수 있다. 생선이 굉장히 신선하다. 1만 원에 생선꼬치, 칼국수, 돈까스, 고구마튀김, 팥빙수까지 먹을 수 있다. 가성비 최고이다. 건물 맞은편에 제법 넓은 주차장이 있어서 주차하기 편하다.

볶음밥

ONE MORE 주변의 다른 맛집

네거리식당 갈칫국, 갈치조림, 성게미역국

서귀포시 서문로29번길 20 064-762-5513

뽈살집 본점 돼지고기 특수부위, 열무사과냉면

서귀포시 중정로91번길 37

064-763-6860

아리

Japanese food

서귀포시 홍중로 99 064-739-3183

11:20~22:00(브레이크타임 15:00~17:30, 일요일 휴무)

초밥, 텐동, 소바 ₩ 3만원(2인 기준)

가게 맞은편 공영주차장(가게 옆 아파트 내 주차금지) @ari_jeju

서귀포 최고의 텐동과 스시 전문점

잘되는 스시 가게의 공통점은 무엇일까? 셰프의 실력이 중요하다. 그리고 또 하나. 셰프와 스태프의 협업, 분업화가 잘 되어있다. 보통 셰프가 생선을 손질하고 초밥을 만들고 플레이팅에 전념한다면, 스태프들은 삶고, 튀기고, 옮기고, 배치하는 일에 집중한다. 이런 분업화는 곧 전문화다. 이렇게 운영되는 곳에서 맛이 없다는 말은 들어본 적이 없다. 서귀포 서홍동 주택가 중심에 있는 아리도 그런 곳이다. 스시와 텐동 맛집으로 소문이 난 가게이다. 우선 초밥이 신선하고 깔끔하다. 최선의 맛을 내며, 언제 가도 항상 맛이 일정하다. 이유가 궁금해 하루는 식사하며 직원들을 유심히 살펴보았다. 그제야 까닭을 알 수 있었다. 셰프는 시종일관 스시만 담당한다. 누군가는 튀김에만 집중하고, 다른 사람은 늘 면을 뽑는다. 식당 안의 모든 직원이 정확히 자기가 맡은 일에 전념한다. 맛집은 당연히 맛이 좋아야 하지만 이보다 더 중요한 건 언제나 맛을 일정하게 재현할 수 있어야 한다. 아리의 모든 면은 이용자의 기대를 충족시켜준다. 아리에서는 부드러움과 신선함의 경계, 바삭함과 촉촉함의 경계, 깔끔함과 감칠맛의 아름다운 경계를 느낄 수 있다.

ONE MORE 주변의 다른 맛집

네거리식당 갈칫국, 갈치조림, 성게미역국

서귀포시 서문로29번길 20 064-762-5513

뽈살집 본점 돼지고기 특수부위, 열무사과냉면

서귀포시 중정로91번길 37, 064-763-6860

네거리식당

seafood

서귀포시 서문로29번길 20 064-762-5513 07:00~21:40(마지막 주문 20:40)

갈칫국, 갈치구이, 갈치조림 ₩ 1인 15,000원~30,000원

공영주차장

서귀포 최고의 갈치 맛집

서귀포시 서귀동에 있는 갈치 맛집이다. 맛집이 밀집해 있는 먹자거리 아랑조을맛거리의 서쪽에 있다. 예전에는 도민 맛집이었으나 <수요미식회>에 소개되면서 지금은 여행객이 더 많이 찾는다. 주인이 매일 서귀항에서 구매해온 질 좋은 생물 갈치를 사용하기로 유명하다. 그만큼 갈치구이, 갈치조림 등 어느 메뉴를 주문해도 맛이 좋고 갈치의 살집이 탄탄하지만, 역시 이 집의 으뜸은 갈칫국이다. 귀한 갈치로 국을 끓이다니! 육지인에게는 다소 낯설게 들리지만, 갈칫국은 제주도의 향토음식으로 오랜 시간 제주인들의 밥상을 지켜왔다. 싱싱한 갈치를 끓이다가 뽀얀 국물이 우러나면 커다란 배춧잎과 단호박을 넣은 뒤 한소끔 끓여낸다. 갈칫국의 첫맛은 심심할 수 있지만, 맛을 볼수록 담백하면서 칼칼한 국물에 빠져든다.

ONE MORE 주변의 다른 맛집

쌍둥이횟집 본점 생선회, 전복회, 생선매운탕, 회밥정식
서귀포시 중정로62번길 14 064-762-0478

하나 더

화정식당

서귀포시 중앙로47번길 24 064-762-1001
매일 07:30~21:30 갈칫국 15,000원,
갈치구이 30,000원, 갈치조림(소) 40,000원 가능

서귀포 3대 갈치 맛집

화정식당은 네거리식당과 함께 손에 꼽히는 갈치 맛집이다. 네거리식당 바로 옆에 있다. 네거리식당이 여행객의 절대적인 사랑을 받고 있지만, 현지인들은 지금도 화정식당을 애용한다. 네거리식당과 마찬가지로 매일 아침 생물 갈치를 들여온다. 맛 또한 크게 뒤지지 않는다. 밑반찬부터 모든 음식이 정갈해서 현지인들이 중요한 손님을 모시고 갈 때 많이 찾는 편이다. 네거리식당 웨이팅이 너무 길다면 화정식당으로 가자.

에스데판야끼

grilled food

서귀포시 호근서호로62번길 40 010-9952-7892

1부 11:00~12:30, 13:00~14:30, 2부 17:00~18:30, 19:00~20:30(브레이크타임 14:30~17:00, 일요일 휴무)

철판요리 오마카세 ₩ 런치 100,000, 디너 130,000(1인 기준)

전용 주차장 예약제로 런치 2팀, 디너 2팀 운영(1팀 최대 8명) 시즌별 메뉴 리뉴얼

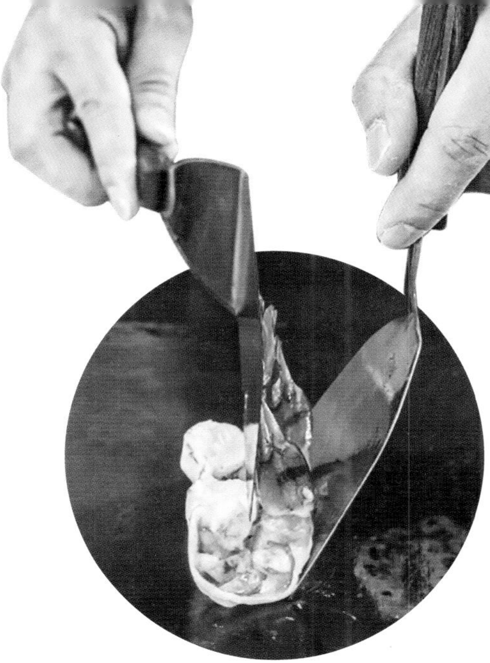

오감 만족 고급 철판 요리 전문점

에스데판야끼는 제주 신라호텔의 일식 레스토랑 '히노데'에서 20여 년 동안 일한 김완준 셰프가 운영한다. 데판야끼는 철판구이라는 뜻인데, 슈퍼맨을 뜻하는 S를 합쳐서 이름을 지었다. 손님에게 최고의 요리와 좋은 추억을 선사하고자 하는 철학이 느껴지는 원테이블 레스토랑이다. 셰프의 집 1층에 레스토랑이 있다. 초인종을 누르면 손님을 반갑게 맞이하여 준다. 창밖으로 제주 돌담과 잔디밭과 정원의 나무가 보인다. 분위기가 아늑하고 평화롭다. 김 셰프는 아삭아삭한 샐러드를 시작으로 큰 철판에서 요리를 하나씩 만들어준다. 랍스터, 대하, 제주 한치, 성게 알 소스와 절묘한 조화를 이루는 부드러운 전복, 여러 신선한 해산물까지 다양한 요리를 선보인다. 뜨거운 불 퍼포먼스로 요리한 제주산 한우는, 입안에서 육즙이 가득 퍼진다. 이어지는 마늘 볶음밥과 디저트. 여기에 특별한 제주의 추억이 보태진다.

ONE MORE 주변의 다른 맛집

아리 텐동, 우동, 초밥
서귀포시 홍중로 99 064-739-3183
문치비 근고기, 항정살, 통갈매기살
서귀포시 신서로32번길 14 064-739-2560

서귀포 대정식당

noodles

서귀포시 중앙로 89번길 17 064-733-8218
매일 11:00~22:00(브레이크타임 15:00~17:00) 김치오댕반찌게, 고기국수, 차돌된장찌개
₩ 1인분 8,000원 식당 앞 무료주차장 또는 천지공영주차빌딩 이용(직선거리 90m)

공무원들이 인정하는 김치찌개와 고기국

대한민국에서 현지인 맛집을 가장 잘 아는 집단이 있다. 바로 공무원이다. 공무원들이 자주 가는 식당이면 이미 검증이 끝났다고 봐도 된다. 이들은 진짜 현지인 맛집을 꿰고 있다. 서귀포시청 1청사 건너편 1호 광장 한편에 서귀포시청 공무원들이 즐겨 찾는 김치찌개 맛집이 있다. 서귀포대정식당이다. 테이블마다 옹기종기 모여 야근으로 허기진 배를 채우며 소주 한잔 기울이는 모습이 정겹다. 이곳 김치찌개의 비결은 김치의 맛과 숙성도 그리고 돼지고기의 신선함이다. 두툼하게 썬 돼지고기와 나물 같은 김치 말고는 특이한 게 없어 보이지만 국물이 진국이다. 고기국수도 이 집의 대표 메뉴이다. 진한 돼지육수와 쫄깃한 면발, 그리고 수육의 환상 조합을 느낄 수 있다. 여름철 별미인 콩국수도 빠질 수 없다. 단, 김치찌개든 고기국수든 1인분은 없다. 2인분 이상만 주문 가능하며, 고기국수는 국물을 미리 우려야 하므로 전화 예약을 해야 한다.

ONE MORE 주변의 다른 맛집

네거리식당 갈칫국, 갈치구이, 갈치조림
서귀포시 서문로29번길 20 064-762-5513
뽈살집 본점 돼지고기 특수부위, 열무사과냉면
서귀포시 중정로91번길 37 064-763-6860

오는정김밥

gimbap

서귀포시 동문동로 2 064-762-8927 10:00~20:00(브레이크타임 13:30~14:30, 일요일 휴무)

오는정김밥, 참치김밥, 떡갈비김밥, 치즈김밥 ₩ 10,000원 이내(1인 기준)

길가 또는 근처 공영주차장 예약 가능, 배달 불가

빅뱅 태양도 반한 서귀포 마약 김밥

설명이 필요 없을 만큼 유명한 서귀포의 김밥 맛집이다. 오는정김밥은 30년 동안 제주도 최고 김밥 가게 명성을 한 번도 놓치지 않았다. 빅뱅의 태양이 "오늘이 세상의 마지막 날이라면, 오는정김밥을 먹고 싶다."라고 극찬한 이후, 태양 김밥으로도 불린다. 나날이 인기가 많아져 이제는 예약 전화 연결이 로또 당첨만큼 어렵다는 우스갯소리마저 생겼다. 대체 얼마나 맛있길래? 처음엔 그냥 김밥이네 하다가, 씹으면 씹을수록 표정이 환해지고 꿀꺽 삼키고 난 뒤에도 여운이 남아 자꾸 입맛을 다시게 된다. 고소하면서 은은하게 퍼지는 단짠 조합이 묘하게 중독성 있다. 김밥 레시피는 비밀이다. 어머니와 아들만 안다고 한다. 포장만 가능한데 두 줄 이상 주문해야 한다. 전날 또는 당일 3시간 전에 전화로 예약하면 기다리지 않고 찾을 수 있다. 이 집의 명함도 잊지 말고 챙기자. 바다를 배경으로 김밥에 명함을 꽂아 인증샷을 남기는 것이 요즘 트렌드이다.

ONE MORE 주변의 다른 맛집

뽈살집 본점 돼지고기 특수부위, 열무사과냉면

서귀포시 중정로91번길 37 064-763-6860

쌍둥이횟집 본점 생선회, 전복회, 생선매운탕, 회밥정식

서귀포시 중정로62번길 14 064-762-0478

제주김만복 서귀포점

gimbap

서귀포시 월드컵로 117 064-796-8582 09:00~20:00(재료 소진시 조기 마감, 연중무휴)
만복이네김밥, 통전복주먹밥, 성게미역국 ₩10,000원 안팎(1인 기준)
전용 주차장 포장과 배달 가능 @jeju_kimmanbok

인기 절정의 전복 김밥 맛집

제주김만복은 전복 김밥으로 유명세를 얻었다. 오는정김밥과 더불어 서귀포에서 쌍벽을 이루는 김밥집이다. 제주도 동서남북에 모두 지점을 냈을 만큼 인기가 많다. 서귀포점은 서귀포시 강정동에 있다. 서귀포버스터미널과 월드컵경기장에서 차로 남쪽으로 2분 거리에 있다. 메뉴는 무척 다양하다. 대표 메뉴인 통전복주먹밥을 비롯하여 만복이네김밥, 뚝배기전복밥, 뚝배기전복죽, 새우주먹밥, 해물라면, 통전복우동, 오징어무침 등이 있다. 댕귤차, 댕귤에이드도 판매한다. 가게에 테이블도 몇 개 있으나 손님들 대부분은 테이크아웃을 한다. 매장에서 식사할 수 있는 시간은 오전 9시부터 오후 6시 30분까지이다. 음식 맛은 대체로 담백하고 깔끔하다. 호불호가 별로 없는 맛이다. 포장주문은 전화 또는 매장의 키오스크로 하면 된다.

ONE MORE 주변의 다른 맛집

문치비 근고기, 항정살, 통갈매기살
서귀포시 신서로32번길 14 064-739-2560

제리스펍 JERRY'S PUB

pub

서귀포시 솔동산로 20, 2층 064-732-4696 16:00~11:00(월요일 휴무)
매운홍합찜, 제리스나초, 창란크림치즈, 수제맥주 ₩ 30,000원(수제 맥주 2잔, 안주 1개 기준)
가게 앞 갓길 주차(여유 있음) 다트, 포켓볼 테이블, 대형 스크린, 무알콜 맥주 갖춤 @jerryspublichouse

낭만이 흐르는 항구 수제맥주 펍

서귀포항의 어둑해진 밤거리, 거리를 비추는 가로등조차 드문 솔동산 거리에 제리스펍이 불을 밝힌다. 밤안개 자욱한 밤이면 제리스펍의 불빛은 주변을 더 운치 있게 비춘다. 안으로 들어서면 영화나 소설 속의 펍에 온 듯한 기분이 든다. 중독성 있는 팝송이 흐르고, 사람들은 다트와 포켓볼에 심취해 있다. 향이 강렬한 수제 레드 비어 한잔에 똑똑 부러지는 튀긴 파스타면을 씹다 보면 어느새 분위기에 취한다. 외국에 나가 나초를 먹어본 사람이라면 제리스펍의 나초를 보며 "나초는 원래 이렇게 먹는 거지!"라는 생각이 든다. 매운홍합찜은 안주라기보다 요리에 가깝고, 누구도 생각해내지 못했을 창란크림치즈는 진짜 백미다. 창란젓과 크림치즈의 조합을 누가 생각이나 해봤겠나? 서귀포에 사는 외국인들이 단골집 만들어놓고 아지트 놀이를 하는 곳이다. 수제맥주와 함께 서귀포의 푸른 밤을 즐기고 싶다면 제리스펍을 기억하자.

ONE MORE 주변의 다른 맛집

쌍둥이횟집 본점 생선회, 전복회, 생선매운탕, 회밥정식
서귀포시 중정로62번길 14 064-762-0478

중문·서귀포의 디저트 카페

더클리프

서귀포시 중문관광로 154-17 064-738-8866
매일 09:30~23:00(주방 주문 시간 11:30~22:00)
커피, 음료, 칵테일, 디저트, 햄버거, 파스타
₩10,000원~30,000원(1인 기준) 전용 주차장
반려동물 동반가능, 저녁엔 노키즈존 @thecliffjeju

하와이의 해변에 온 듯

바람처럼 밀려오는 파도, 바람 따라 흔들리는 야자수, 광염 소나타 같은 석양…. 더클리프는 독특한 곳이다. 카페이자 라운지인 이곳은 제주도 같지 않다. 하와이나 남국의 휴양지에 온 기분이 든다. 바다, 음악, 햇살, 노을. 보고 듣고 즐길 거리도 다양하다. 먹을거리는 또 어떤가? 커피, 다양한 트로피컬 음료, 맥주, 칵테일, 디저트, 햄버거, 파스타…. 카페인지 펍인지, 브런치 카페인지 헷갈린다. 이렇게 정리하는 게 좋겠다. 카페, 펍, 브런치, 이곳에서는 셋 다 가능하다.

허니문하우스

서귀포시 칠십리로 228-13 070-4277-9922
매일 10:00~18:30(마지막 주문 18:00) 커피, 음료, 디저트, 샌드위치, 피자 ₩10,000원~20,000원(1인 기준)
전용 주차장 올레 6코스가 허니문하우스를 지난다
@honeymoonhouse_officiel

지중해에 온 듯한 이 기분

바다 전망이 파노라마처럼 펼쳐지는 곳, 풍경을 감상하며 커피와 디저트를 즐기고 싶다면, 그리고 지중해 같은 풍경에 맘껏 취하고 싶다면, 답은 허니문하우스다. 유럽풍 건물로 80~90년대 신혼여행객에게 큰 인기를 누렸던 파라다이스 호텔 자리를 2018년 리모델링해 오픈했다. 절벽 위에 들어선 카페에 앉으면 섶섬과 범섬이 시야 가득 들어온다. 서귀포 KAL호텔에서 운영하기에 음료와 베이커리도 수준급이다. 피자와 샌드위치는 09:30부터 15:00까지 주문을 받는다.

테라로사 서귀포점

서귀포시 칠십리로658번길 27-16 064-796-8582
매일 09:00~21:00(마지막 주문 20:30)
커피, 베이커리 ₩ 10,000원 안팎(1인 기준)
전용 주차장 반려동물 동반 불가

감귤밭 뷰에 베이커리까지 맛있는

어디를 가도 테라로사는 커피에 최적화된 카페이다. 커피 맛이야 이미 검증된 거고, 붉은 벽돌 건물과 인테리어도 자연스럽게 커피를 떠올리게 한다. 서귀점은 여기에 작은 환상을 덤으로 준다. 감귤밭 전망과 야자수를 바라보며 커피를 마시는 기분은 설렘 그 자체이다. 최근에는 베이커리까지 좋은 평가를 받고 있으니, 말 그대로 금상첨화다. 파이, 크루아상, 식빵, 쿠키까지 제법 다양하게 즐길 수 있다. 음료와 차도 잘 갖추고 있다. 원두, 티 포트, 텀블러도 살 수 있다.

베케

서귀포시 효돈로 54 064-732-3828
10:00~18:00(화요일 휴무) 커피, 음료, 디저트
₩ 10,000원~15,000원(1인 기준) 전용 주차장
정원이 아름다워 인생 사진 찍기 좋다 @jeju_veke

정원이 매혹적인 가드닝 카페

서귀포시 동쪽 효돈동은 감귤로 유명한 동네다. 땅이 기름지고 제주에서 일조량이 가장 많은 마을이라 감귤이 맛있고, 생산량도 가장 많다. 정원이 아름다운 가드닝 카페 베케와 참 잘 어울리는 동네다. 베케 주변으로 정원 식물과 핑크뮬리가 어우러져 있어서 카페가 아니라 작은 야외 식물원에 온 듯한 느낌이 든다. 창밖을 보며 커피를 마시면 저절로 힐링이 되는 것 같다. 종류가 다양하지는 않지만, 디저트도 제법 맛이 좋다. 스콘, 크럼블, 컵케이크 등을 즐길 수 있다.

찾아보기

맛집

베이커리·디저트 카페

*이 책은 2022년 5월 20일까지 취재한 정보를 담고 있습니다.
영업장 사정에 따라 휴무·영업시간 등 정보 내용이 바뀔 수 있습니다.
방문 전 확인하시길 권장합니다.